单霁翔 著

人居北京

唤醒工业遗产

中国大百科全书出版社

首钢园三高炉

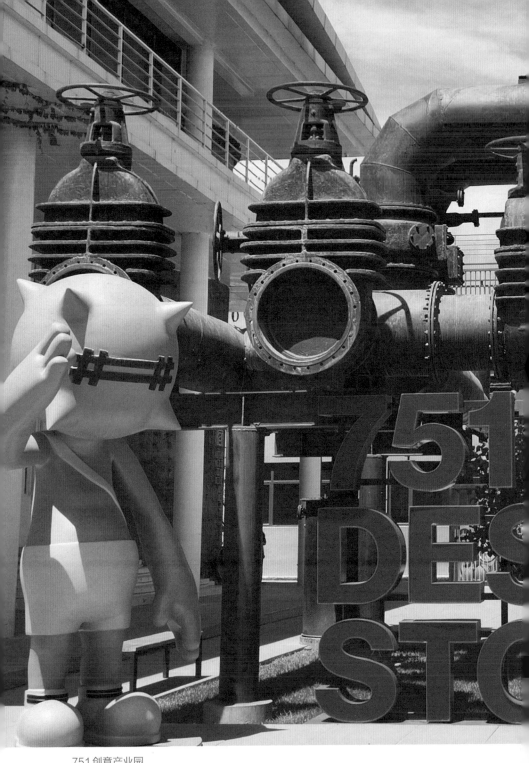

751 创意产业园

作者在 751 园区

2020 年，作者在首钢主厂区调研

作者在 751 园区的火车车厢

2019 年，作者与黄宏涛先生在首钢园

作者调研 751 园区

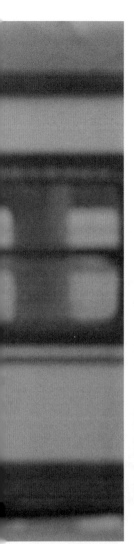

2010 年，作者在调研首钢中于三高炉内留影

2020 年，作者与张军元先生在 751 园区

序言 人居北京

　　我在北京的四合院里长大，在四合院里学会了说第一句话，在四合院里学会了走第一步路。我想这可能就是我讲话时经常会带一些北京"土语"的原因，这也可能就是我穿了30多年北京"懒汉"布鞋的缘起。从1954年起，我先后住过4处四合院，分别在崇文区（现在是东城区）的东四块玉、西城区的大门巷、东城区的美术馆后街和西城区的云梯胡同。

　　记得少年时代，我和小伙伴们一起登上景山，四下望去，成片成片富有质感的四合院灰色坡屋顶、庭院内高大树木的绿色树冠，形成一望无际灰色和绿色的海洋，烘托着故宫红墙黄瓦的古建筑群，协调和联系着中轴线两侧传统建筑，极为壮观。这是历经数百年的发展，最具北京文化特色的城市景观，也是我心中真正意义的古都北京。

　　每当看到或听到又有一条胡同或一座四合院消失，总有一种悲情涌上心头。对于四合院的感情，不仅是一种寂寞的乡愁，更是驻留在心灵深处的思念。因为，那里收藏着我的童年梦想。

　　我的专业是城市规划，毕业后就到城市规划部门工作。参加工作以后，正赶上经济大发展、社会大变革的时代。当年豪情万丈的少年梦，在工作后化为一步一个脚印的实践。伴随城市化进程的加快，城乡建设中的矛盾和问题也逐渐显露。北京历史城区的胡同四合院正在一天天地减少，而幸存下来的一些四合院也普遍存在修缮不及时、人均居住面积低、居民生活条件恶化等问题。

我在日本留学时的毕业论文题目就是关于历史街区保护和利用的研究。工作后数次在城市规划部门和文物保护部门之间调动。这样的经历使我常常将城市规划工作和文化遗产保护工作结合在一起思考问题。我们在北京中轴线两侧设立胡同四合院的历史文化保护区；我们在故宫、天坛两侧规划出建设控制地带（也叫缓冲区），防止新建的高大建筑或大体量建筑群的不和谐侵入；我们发起"爱北京城，捐城墙砖"活动，呼吁大家把过去拿回家的城墙砖送回来，一起维修明城墙遗址……在发现问题、研究问题、解决问题的实践中，我对北京城市规划的体会已不止于儿时的淡淡乡愁，更多的是在工作实践基础上的理性思考和深切体会。

在清华大学吴良镛教授的指导下，我将多年工作体会加以系统整理，完成了博士论文，也收获了关于文化遗产保护和城市文化建设的新认识。吴良镛先生深入研究了北京地域文化和风俗习惯，用最低的成本改造菊儿胡同41号院，既改善了四合院居民的生活条件，又延续了城市原有的历史环境。这是对旧城更新和危房改造的创新探索，吴良镛先生也因此获得了"世界人居奖"。近年来，先生年事已高，出行要坐轮椅，但每当《千里江山图》在故宫博物院展出时，他总是要到现场，站起来长久地凝望。或许这就是他心中美好的人居意境。吴良镛先生与北京城市规划有着颇深的渊源。从院落细胞到胡同肌理，从长安街筋脉到中轴线脊柱，从"大北京规划"到"京津冀协同"，无不渗透着吴良镛先生对"人居环境科学"思想和"匠人营国"理念的实践，更使我受益良多。

2017年9月，《北京城市总体规划（2016年—2035年）》正式发布，围绕"建设一个什么样的首都，怎样建设首都"这一重大问题，古老的北京，开始了新一轮的变化和成长。拥有"规划人"和"老北京"的双重身份，我对北京城市规划可以说既有满满回忆，又有无限期待。因此，当2019年北京电视台邀请我参加一档"城市复兴"题材节目的创作时，我欣然应允。

节目的名字叫《我是规划师》，创作初衷是向老百姓介绍首都的城市规划故事。在节目创作过程中，我和节目嘉宾以"探访人"的身份深入到一个个特定的街区，与当地居民互动，与20余位规划师交流，深入体察、研究具体规划项目的前世今生，解析这些项目和案例对城市、城市人和城市生活所产生的深远影响。节目创作很不容易，其间又遇到了新冠肺炎疫情，户外创作因此而一度停滞。节目组本着匠人精神，克服重重困难，经过近两年的努力，终于让第一季节目于2021年1月19日在北京卫视与观众见面。4月13日，第一季的12集全部播出完毕。节目在社会公众中，以及规划界、媒体界反响强烈，获得好评。

对我而言，节目创作的过程，也是在行走、交流和体验中，对熟悉的"旧事"产生新理解的过程。因此，我将在节目创作过程中的回忆、思考和体会写成了系列书稿。

人居环境的守护和营造是城市发展中的重要课题，也为系列书的书名提供了灵感。首都北京生活着千万人，"建设一个什么样的首都，怎样建设首都"，这不仅仅是面向规划界提出的问题，更是面向每一个在首都的奋斗者而提出的问题。

愿每个人都能从实践中寻找到自己的答案。

2022 年 1 月

引言

环视山川无数，古迹珍视如珠，但近在身旁的工业遗产却常被忽视。人们普遍认为工业场所只是生产加工和劳动就业的地方，难以想象它们应作为文化遗产而列入保护。也许面对一块块冰冷生锈的钢板、破败废弃的厂房，有些人会觉得这代表着过时和落伍。然而，工业遗产承载着人类社会生产力的变革，也记载着城市的历史。保护工业遗产，就是保护时代的记忆。

早在 19 世纪末期，在工业革命的诞生地英国，工业遗产保护运动就已经起源。2003 年 7 月，在俄罗斯召开的国际工业遗产保护委员会（TICCIH）大会上，通过了专用于保护工业遗产的《下塔吉尔宪章》，明确了工业遗产的定义，指出了工业遗产的价值。此后，工业遗产的内涵、价值和保护意义被不断发掘。工业遗产保护的理念和方法也日渐成熟。

在我国，自 19 世纪后半叶洋务运动以来，特别是中华人民共和国成立之后的不同历史时期，都留下了宝贵的工业遗产。这些工业遗产集中分布在老工业城市，不仅见证了我国近现代工业化不同寻常的发展历程，也蕴藏着丰富的历史文化价值，是先进生产力的典型代表。

2006 年 4 月诞生了中国首部关于工业遗产保护的共识文件《无锡建议》，我国工业遗产保护问题提上议程。

一方面，工业遗产记录了城市的发展轨迹，是城市文化的历史见证；另一方面，伴随着城市化步伐的加快，工业遗产的保护也面临着现实困境。实践的碰撞中，也不乏将工业遗产保护性再利用与城市文化建设相结合的优秀案例。

本书从城市规划视角讲述了首都北京城市建设中，工业遗产保护性再利用的故事。上篇讲述了首钢老厂区从钢铁工业龙头转型为具有鲜明特色的多功能文化园区，并变身为北京 2022 年冬奥会和冬残奥会组织委员会办公区及冬奥会举办场地之一的"冰与火之歌"；下篇以 751 工业遗产转型为城市东区文创聚集地为切入点，将现实探访与理念溯源相交织，讲述了工业遗产保护与城市建设互动发展的历程。

对工业遗产保护的认识需要一个过程，只有让人们感受到工业遗产在现实生活中存在的意义，才能使这项工作逐渐得到社会民众的理解和支持，从而让民众成为保护工业遗产的主要力量。

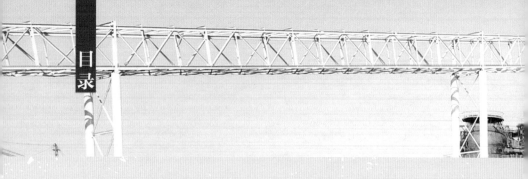

目录

冰与火之歌

——首钢的前世今生

百炼成钢新转型

　　从天安门沿长安街一路往西17千米，就是首钢老厂区。对于首钢，很多北京市民多少都有所了解。它作为大型钢铁工业企业，创造了很多中国的"第一"，也是中国工业企业改革的一面旗帜。我因为长期在北京市城市规划部门工作，也曾多次到首钢现场调研，解决规划发展问题。当了解到2010年底首钢石景山厂区将全面停产，为了进一步了解和呼吁首钢工业遗产保护，2010年12月7日，我邀请北京市城市规划部门和文物保护部门一行来到首钢进行调研，首钢集团领导热情接待了我们，并详细地介绍了首钢的历史和基本情况。

百炼成钢：百年首钢的足迹

在"实业救国"思潮的带动下，从 1912 年到 1919 年，中国新建厂矿有 600 多家，这一时期成为中国民族资本主义工业发展的黄金时期。1914 年，第一次世界大战爆发，钢铁成为极其紧缺的战略物资。于是全国掀起大办钢铁实业的潮流，上海的兴和铁厂、山西的阳泉铁厂等都是这个时期兴建的钢铁企业。首钢的前身龙烟铁矿也诞生于这一时期。

距今约 100 年前，在河北省宣化县（今属张家口宣化区）和龙关县（今属张家口赤城县），有人发现有一种"红色赭石"可作染料，这种矿石经过采集在北京城销售，被来华考察的丹麦矿师 F.C. 麦西生发现，经化验得知是品位很高的赤铁矿。1914 年夏，北洋政府矿政顾问 J.G. 安特生来华。这个瑞典地质学家、考古学家看到赤铁矿矿样，便陆续在河北龙关、庞家堡、烟筒山等地进行调查，证实河北确有很厚的大面积赤铁矿床。及至 1918 年，第一次世界大战方酣，铁价暴涨，北洋政府中的幕僚们看办矿有利可图，便购买土地千余亩（1 亩≈0.067 公顷）和美国一座日产 50 吨的炼铁炉及其他附属设施组建了龙烟铁矿。1919 年 3 月，北洋政府批准成立了官商合办龙烟铁矿股份有限公司，制定了《公司简章》。简章虽"简"，但内容详细，明确规定股票不得出售给外国人。北洋政府投资 250 万银圆，开始开采烟筒山矿石，日产矿石约 500 吨。

北京地区的制铁业历史悠久。在矿山开采初期，龙烟铁矿公司便开始筹建炼铁厂。因为北京交通便利，有永定河水可以利用，又便于控制，几经选择，便将厂址设在京西永定河畔石景山东麓。

1919年9月，龙烟铁矿股份有限公司石景山炼厂成立，开工建设后炼铁炉日生产能力为250吨，成为中国最早兴建的近代钢铁企业之一和中国北方最大的民族工业企业，在钢铁工业发展史上占有举足轻重的地位。1922年高炉完工80%，后因建设资金不足被迫停建。1928年，国民党统治北平后，南京国民政府撤销龙烟铁矿公司，将石景山炼厂和北洋政府官僚、军阀持有的商股作为"逆产"收归国有。

1937年七七事变后，日本侵略者占领了觊觎已久的石景山炼厂，改称石景山制铁所，实施军管。日军驱使5万名战俘和劳工对停工的石景山炼厂修建，1938年11月第一座高炉出铁。日本军队侵占北平8年期间，石景山制铁所仅生产铁25万吨。石景山制铁所两次扩建，圈地拆房，使上万户农民无家可归。1945年8月日本投降时，将高炉破坏铸死。1945年11月，国民党政府接管石景山制铁所，改名为石景山钢铁厂，之后恢复生产。1947年10月1号焦炉（即一焦炉）出焦，1948年4月1号高炉（即一高炉）出铁。国民党政府统治的3年多期间，共生产铁3.6万吨，当时石景山钢铁厂占地面积仅1平方千米左右，且由于开工不足，大批工人失业。工厂历经磨难、千疮百孔，生产力低下，工人生活苦不堪言。

1948年12月，中国人民解放军解放了石景山钢铁厂。解放军第一时间给职工发放救济粮，恢复工厂生产。石景山钢铁厂成为北京市第一个国营钢铁企业。它也是中华人民共和国成立之初，全国仅有的几个能投入生产的工业基地之一。

1949 年 6 月石景山钢铁厂恢复生产，1952 年产铁 34.2 万吨，年产量超过了中华人民共和国成立前 30 年累计 28.6 万吨的总产量，位列国内第二位，仅次于鞍山钢铁厂的产量。1958 年，5 号高炉开建，第二年投产。它是中华人民共和国成立后首钢建设的第一座高炉，创造了中国钢铁工业建设史上的"首钢速度"。至 2005 年停产，5 号高炉在 47 年间为新中国产铁水 2967.5 万吨。如果将这些铁水铸成一条长宽高各 1 米的钢铁长龙，将达 3800 多千米。1958 年 8 月，石景山钢铁厂改名石景山钢铁公司。1959 年，3 号高炉（即三高炉）、3 号焦炉（即三焦炉）、烧结车间"三大工程"相继建成投产。1961 年，建成了年产 30 万吨小型材轧钢生产线，标志着石景山钢铁公司轧钢开始起步。截至 1962 年，机械加工车间、小转炉、小轧机、连轧机组、焊管车间等项目相继竣工。

1964 年，石景山钢铁公司建成了我国第一座 30 吨氧气顶吹转炉并投产，揭开了我国转炉炼钢新的一页。1965 年，石景山钢铁公司产铁 115.7 万吨、钢 19.7 万吨、钢材 13.4 万吨，产量达到历史最好水平，其中高炉喷吹煤粉、入炉焦比、高炉利用系数等经济技术指标居于当时全国领先水平。1967 年 9 月，石景山钢铁公司改名为首都钢铁公司（简称"首钢"）。1978 年，首都钢铁公司的铁、钢、钢材产量分别达到 245 万吨、179 万吨和 117 万吨，成为全国十大钢铁生产基地之一。首都钢铁公司逐渐发展成集采矿、烧结、焦化、炼铁、炼钢、轧钢为一体的钢铁联合企业。中华人民共和国成立后的第一个30年，广大职工艰苦创业，迅速恢复生产，进行大规模扩建，使企业不断成长壮大。

1978年12月，党中央召开十一届三中全会，号召全国人民解放思想，实事求是，把工作的重心转移到经济建设上来。首钢仿佛注入了一股强劲的春风，开始探索全民所有制企业改革的出路，这一时期成为首都钢铁公司快速发展的重要时期。1979年，首都钢铁公司主动提出申请，并被批准成为全国扩大企业自主权改革的第一批试点单位。在我国经济体制改革中，率先实行上缴利润递增包干承包制，1979年试行利润留成。1980年下半年试行"以税代利"。1981年，首都钢铁公司开始实行承包责任制，至1995年已实行全员承包制共15年，开创了国有企业改革的先河，创造了10年为国家贡献96亿元，相当于10年增值了9个首钢的奇迹，轰动了国内外，成为我国工业企业改革的一面旗帜。

这一时期，首都钢铁公司创造了很多中国"第一"，例如1979年首都钢铁公司2号高炉移地大修改造工程竣工投产，采用了高炉喷吹煤粉、顶燃式热风炉、无料钟炉顶等国内外37项新技术，首次运用可编程序控制器于上料系统，成为我国第一座现代化的高炉。1983年公司完成烧结厂改造，烟尘粉尘减少96%。1987年公司利用引进的国外二手设备，建成了全连铸的第二炼钢厂。继1988年兼并外埠的十几家军工企业之后，1991年开始，首都钢铁公司又兼并了一批勘察设计单位、冶金建设公司、机械制造企业。

1992 年 1 月，首都钢铁公司改名为首钢总公司。同年 5 月 22 日，邓小平南方视察后视察首钢总公司。1992 年经国务院批准，成立中国首钢国际贸易工程公司（简称"首钢国际"）和国内第一家由企业创办的商业银行——华夏银行。华夏银行是首钢总公司兴办的全民所有制金融企业，行政上归首钢总公司领导，业务上接受中国人民银行指导和检查，具有独立法人资格。[①] 1994 年，首钢总公司钢产量达到 824 万吨，超过鞍山钢铁公司，名列当年全国第一位，实现利润 52.2 亿元。1995 年首钢总公司开始压缩基本建设规模和库存，以建立现代企业制度为目标，深化改革，调整结构。在生产中，大规模采用自动化、节约能源和环境保护等新技术，扩大了炼钢和型材的生产能力，企业快速发展，综合实力明显增强。

1996 年 9 月，首钢集团成立，建立以资产为纽带的母子公司体制。1998 年，首钢集团改组成国有独资的有限责任公司，把子公司改组为多元投资的有限责任公司或股份有限公司。1999 年 9 月，优质资产组成的北京首钢股份有限公司股票上市。

在改革开放 30 年时，首钢的钢产量从改革开放初期的 179 万吨增加到 1214 万吨。首钢已由一个单一的钢铁企业，发展成为以钢铁业为主，兼营采矿、机械、电子、建筑、航运、金融、房地产、服务、海外贸易等多种行业，跨地区、跨所有制、跨国经营的大型企业

---

① 1995 年 3 月，华夏银行实行股份制改造；2003 年 9 月，华夏银行首次公开发行股票并上市交易，成为全国第五家上市银行。

集团，且在 2011 年首次跻身世界 500 强企业。首钢生产的优质钢材广泛应用于三峡大坝、奥运场馆等重点工程，在创新实践中谱写了国有企业改革发展的新篇章，为新中国的钢铁工业发展和现代化建设事业做出了卓越的贡献。

进入 21 世纪，首钢的钢铁生产能力受到限制，生产设备的更新换代需求迫切，重工业生产与城市发展限制条件的矛盾日益突出，影响了首钢钢铁业的发展进程。2004 年，首钢在北京地区的工业生产利润实现了 14.77 亿元，生产规模居全国三四位，但占北京市财政收入的比重已大幅度降低。

首钢地处首都市区，在环境保护和循环利用方面投入了大量的技术力量和资金。从 20 世纪 70 年代中期治理废水，到 80 年代全面治理废气粉尘等污染，再到 90 年代实施源头治理和全过程清洁生产，长期以来首钢投入大量成本用于减少冶炼生产对城市环境的影响。尤其是 1995 年至 2005 年，首钢累计投入环境保护资金 20 亿元，完成多项既定的环境治理目标。首钢特钢公司的电炉、初轧厂、第一炼钢厂等先后停产。与 1995 年比较，2004 年首钢厂区主要污染物的排放量大幅度降低，厂区绿化覆盖率达到 37.45%，总体环境质量处于国内钢铁企业的前列。同时，首钢通过园林化建设形成了以石景山、野鸭湖、林荫路网为特色的厂区绿化景观，停止了对浅山区矿石的开采，通过资源再利用减少厂区外部灰渣的堆放，使区域生态环境的破坏得到了有效控制。首钢石景山厂区经过多年绿化、美化，已建设成为花园式企业，并获得了全国绿化最高荣誉——"全国绿化模范单位"称号。首钢也是全国工业旅游示范基地,自开展"工业游"以来,到首钢参观的游客络绎不绝。

但是,钢铁冶炼生产对局部大气环境的影响仍然存在,北京市环境保护监测中心(现北京市生态环境监测中心)统计显示,2004年首钢所在的石景山区全年空气质量二级和好于二级的天数仅占50.4%,在全市排在倒数之列。首钢作为北京工业系统的颗粒物污染排放量大户,就治理技术水平来看,只有通过搬迁,才可以从根本上解决首都的环境保护。于是,在北京建设国际化大都市和筹办2008年奥运会的新形势下,首钢服从和服务于首都发展大局,向北京以外有发展空间和条件的地区转移钢铁生产能力。秦皇岛首秦金属材料有限公司一期工程、河北省首钢迁安钢铁有限责任公司一期工程相继在2004年建成投产。同时,首钢提出在河北唐山的曹妃甸地区,以首钢为主,建设钢铁精品生产基地;在北京市顺义区建设冷轧项目,发展首钢在京的"总部经济"。

2004年11月,国家发展改革委员会(简称"国家发改委")《关于首钢实施搬迁结构调整和环境治理意见的请示》上报国务院。河北曹妃甸新首钢的建设被提上日程,建设方针确定为:广泛吸收国内外的先进技术,实现自主集成,按照循环经济和绿色制造模式建设一个科技含量高、经济效益好、资源消耗低、环境污染少、废弃物基本零排放、人力资源优势得到充分发挥的新型工厂,成为具有21世纪国际先进水平的节能环保型、生态型、高效型的钢铁精品生产基地。

随着《北京城市总体规划(2004年—2020年)》的实施,以首钢、北京焦化厂为代表的一批传统重工业区纷纷进入了停产、搬迁、改造的阶段。国务院于2005年批准了首钢实施整体搬迁、结构调整和环境整治方案，为首钢工业遗产保护提供了难得机遇，同时也带来了重大挑战。首钢钢铁冶炼生产迁出北京，在河北曹妃甸新建具有21世纪国际先进水平的大型钢铁企业，这是北京城迈向京津冀地区协调发展的重要一步，是令人赞叹的巨大工程。这项决策显示了国家和地方政府在引导区域协调发展方面高瞻远瞩的见识和魄力。可以看出，北京市传统重工业的改造和京津冀城市群协调发展进入了新的阶段。

在首钢档案馆里，从1919年9月首钢始建至今，大量珍贵的档案资料完好地保留下来，形成了宝贵的企业档案，这些档案真实地记录了首钢从无到有、从小到大的发展历程。这里珍藏的大量珍贵档案和照片，真实详尽地记录和展现了首钢跨越两个世纪、建厂百年的发展历程和精神风貌。首钢档案馆现保存着日寇统治时期的厂史档案51卷，日寇统治时期、民国时期照片167张，档案影印件17份。现存最早的文字档案为《公司简章》，建厂选址时的玉米地照片经考证形成于1919年，现已无原始底片。同时，首钢建厂初期的档案，大部分保存在原龙烟铁矿股份有限公司，也就是现在河北的宣化钢铁公司。还有日寇统治时期、民国时期厂史档案575卷，照片955张，作为旧政权档案现存于北京市档案馆。

首钢档案馆中还保存有记录了党和国家领导人关心首钢职工生活的真实情况的相关资料。1951年8月31日，石景山钢铁厂党委向中央写了《关于工资改革的报告》，反映钢铁工人工资低等情况。9

月 12 日，不到两周的时间就收到复信，信中明确回复已安排有关机关迅速合理地解决这个问题。在国家领导的关怀下，首钢职工在住房、医疗、教育、生活福利等各个方面获得巨大进步，生产、生活蒸蒸日上。

今天，随着首钢产业调整与搬迁的逐步实施，首钢档案馆加强了对保留和记忆首钢历史原貌照片档案的收集工作，归档照片 6 万多张，这些照片不但极大地丰富了档案馆藏精品档案，而且是一笔延续、记录首钢历史的宝贵财富。首钢档案见证了国家为解决经济发展和人民生活问题的决心和魄力，记录了工人群体为实现工业发展目标所做出的巨大贡献，显示了工业遗产所具有的多方面独特价值，为社会添注了一种永不衰竭的精神气质。保护这些反映时代特征、承载历史信息的档案，能够振奋民族精神，传承产业工人的优秀品德。

百年首钢诞生于民族危难时期，起飞于中华人民共和国成立之后，与国家发展同步，与首都发展同步，走过了一条从无到有、从小到大、从大到强的发展之路，始终走在时代潮头，成为国企改革、转型发展、大国工匠、先进制造业的旗帜。首钢作为中国冶金工业的摇篮，始终与时代同步伐，与改革共奋进，与首都共成长，为中国工业和经济社会的发展做出了卓越的贡献，是北京乃至我国近现代工业发展的缩影。

百年淬火渗碳，百炼成钢。从动荡屈辱中起步，在建设热潮中成长，于风雷激荡中壮大。百年首钢浓缩了北京发展的恢宏图景，见证着中国现代化进程的历史飞跃，与共和国追赶世界、拥抱时代的前行脚步紧密相扣。从以"首钢速度"扛起工业大旗，到以"承包制"引领国有企业改革；从还首都一片蓝天毅然开启"从山到海的搬迁"，到华丽转身用好工业遗存打造城市复兴新地标。百年老厂的生长曲线，为我们观察北京城市进步和中国产业结构转型提供了生动视角。

通过首钢集团领导的介绍，我了解到首钢作为中国最早兴建的近代钢铁企业之一，曲折地走过了中华人民共和国成立前的 30 年，中华人民共和国成立后的 30 年，改革开放后至首钢搬迁 3 个历史时期。中华人民共和国成立前 30 年，首钢经历了军阀战乱、日本侵略者的占领掠夺、国民党政府的腐败无能，是一段企业蒙受屈辱、职工饱尝苦难的历史。中华人民共和国成立后的 30 年，首钢获得了新生，实现了主要工序和产品"从无到有"，是为发展中国钢铁工业做出突出贡献的历史。改革开放以来，首钢在企业改革和发展中勇于探索，职工队伍形成自强开放、务实创新、诚信敬业的精神，是初步实现产业规模"由小到大"，面向新世纪、建设新首钢不懈奋斗的历史。

见证历史：首钢工业遗产的保护和再利用

2005 年，国务院批准了首钢实施整体搬迁、结构调整和环境整治的方案，之后我国首部关于工业遗产保护的共识文件《无锡建议》发布，国内启动工业遗产保护行动。在一些城市和地区对工业遗产保护和再利用进行了有益的尝试之后，首钢大片的工业遗产资源保护和再利用问题"是拆了重建还是进行保护利用，折射出文化意识、文化自觉的变化"，成为众人关注的焦点。

经过近百年的建设，在首钢主厂区内留下了大量的工业建筑物、构筑物及各种设施设备，总建筑面积达 200 万平方米，由于使用状况良好，且不能随厂迁往新址，无论从历史价值、文化价值、经济价值，还是资源再利用等角度看，该区域都不能进行简单的夷平重建。因此在规划建设之前对首钢工业遗产资源进行深入的调查研究，并提出保护与再利用的建议，具有非常重要的意义。而规划建设好工业遗址也将对北京市今后的发展产生巨大影响。

自 2005 年起，北京市开始开展首钢园区规划研究，联合中国工程院、清华大学等单位，由徐匡迪院士牵头、吴良镛等 5 位院士领衔，共同开展城市风貌专题研究，完成规划顶层设计，同步开展专项研究，创造性地将"织补城市""海绵城市""城市复兴"等理念运用到具体规划项目。在保护和利用工业遗产基础上，相继开展了绿色生态、地下空间、综合管廊、轨道交通等十余项专项规划，"十年磨一剑"，园区规划的成果也达到国际先进水平。

出于对首钢工业遗产保护的关注，我于 2009 年 3 月，在全国政协十一届二次会议上，提交了《关于将首钢老工业区作为工业遗产整体保护的提案》，并得到 40 多位全国政协委员的联名支持，其中包括 3 项建议，内容为：

一是加强对首钢工业遗产的调查、记录和研究工作。通过调查，全面掌握首钢工业遗产的第一手资料，进而建立起详细的工业遗产清单。同时，对各类工业遗产进行准确勘察、测绘，并以文字、图纸、照片和录像等形式进行记录，建立起完整的工业遗产记录档案。在此基础上，通过深入研究确定工业遗产的价值、保护范围和具体保护措施。

二是遵循真实性和完整性的原则，整体保护首钢老工业区。在进行充分调查研究基础上，科学制定总体保护规划，对各个时期的代表性工业遗产进行整体、系统保护，真实、全面地保存其历史信息及突出价值。对于具有突出价值和重要意义的工业建筑，应实施特殊保护，保持其结构、空间、外观、环境的真实性和完整性。维修保护应遵循不改变原状的原则，在实施前充分征求相关领域专家的意见。任何必须实施的更改都应得到记录，被拆卸的重要元素也应得到妥善保存，尽可能减小对工业遗产本体和环境所造成的不利影响。

三是开展首钢工业遗产的保护性再利用。保护性再利用是赋予工业遗产新的生命力的一种可行途径。对于一般性工业遗产，可在严格保护好外观及主要特征的前提下，适度地开展保护性再利用。其重点应在文化、休闲设施的建设，如设立博物馆、美术馆、社区文化中心、工业遗址公园等。制订保护性再利用方案时，应对工业遗产中的每一区域和每栋建筑进行仔细甄别和独立评估，并在充分考虑其与整个遗产关系的基础上，确定其最恰当的用途。新的用途必须尊重首钢老工业区的原有格局、结构和材料特色，从而达到整体保护的目的。

彼时，首钢的转型之路，可谓"任重而道远"！

战略铺就新定位

　　2010 年 12 月 14 日，在首钢主厂区最后一座高炉即将停产之前，我再次来到首钢调研，希望及时确定首钢工业遗产保护与利用的方向。通过交流我了解到，首钢集团领导没有短视于停产后工业用地的现实经济价值，表示不会将厂区用地切割拍卖，更不会通过房地产开发实现尽快回收资金，而是计划按照北京城市总体规划，对停产后的园区进行战略定位，努力实现长远的可持续发展。这使我对首钢工业遗产保护更加充满信心。

"以钢为纲"：明确工业遗产在规划中的核心地位

2010 年 12 月 21 日，首钢石景山厂区最后一座生产中的高炉——1 号高炉全面熄火。至此，首钢石景山厂区的钢铁生产主流程全面停产。持续生产近百年的十里钢城不再有机器轰鸣，首钢由此也迈入了产业结构调整这一更为复杂、更为艰难的新征程。自从 2005 年国务院批准首钢搬迁方案以来，如何在顺利实现搬迁、实施结构调整、安置数万首钢工人的同时，妥善保护好首钢工业遗产，一直牵动着城市决策者、企业领导、产业工人、专家学者和普通市民的心。

2011 年，全国政协十一届四次会议期间，我在文艺界委员联组讨论会上，针对进一步加强转产后首钢工业遗产保护与利用进行呼吁，并再次提交了《关于加强转产后首钢工业遗产保护与利用的提案》，提出两点建议。一是抓紧编制首钢工业遗产保护规划，科学界定首钢工业遗产的核心价值，将具有重要保护价值的工业遗产及时申报公布为全国重点文物保护单位，使之得到科学保护。二是探索首钢工业遗产保护性再利用途径，在确保其核心价值得到完整保护的前提下，积极探索首钢工业遗产保护性再利用的合理渠道与途径。

发言和提案得到了全国政协的高度重视，时任全国政协主席贾庆林作出指示，全国政协教科文卫体委员会（2018 年更名为全国政协教科卫体委员会）会同国家文物局，组织部分在京全国政协委员，于 2011 年 4 月 13 日，对首钢工业遗产保护与利用工作进行了调研。我以全国政协委员、国家文物局局长、此项提案的提案人三重身份参加了此次调研活动。调研组实地考察了首钢厂东门、陶楼、群明湖、二炼钢厂、焦化厂、三高炉及石景山古建筑群遗址和摩崖石刻，并与北京市规划委、北京市文物局、石景山区政府和首钢厂有关负责同志进行座谈，就首钢转产后工业遗产保护与利用深入交换了意见。

调研组认为，首钢是我国工业遗产的典范，也是极其难得的文化景观。首钢工业区改造规划面积约 8 平方千米。2005 年以来，为了在顺利实现搬迁、实施结构调整、安置数万首钢工人的同时，妥善保护好首钢工业遗产，北京市和首钢集团积极努力做了大量的工作，并于 2007 年制定颁布了《首钢工业区改造规划》。

调研组同时指出，当前首钢工业区工业遗产保护与利用还面临一些问题：

一是对首钢工业遗产价值的认识不足。工业遗产直观地反映了人类社会发展到工业文明阶段的重要过程，具有历史的、社会的、科技的、经济的和审美的价值，是我们社会发展不可或缺的物证。由于我国进入工业社会时代的时间不长，人们普遍认为工业场所只是生产加工和劳动就业的地方，难以想象它们应作为文化遗产被列入保护之列。更有一些城市决策者认为，被废弃或即将停产的工业场所代表着过时和落后，是企业和城市进一步发展的包袱和障碍，应将它们彻底拆除清理，代之以新的开发项目。随着城市化步伐的加快，对工业遗产拆除与保护、遗弃与利用之间存在着激烈的碰撞，许多珍贵的工业遗产让位于商业利益，永远从人们的视线里消失了。可以想象，如果不对首钢工业区妥善保护，再过 30～50 年，人们可能再也看不到首钢这样壮美的工业文化景观。

二是首钢工业区发展定位尚不明晰。"2006年,清华大学专家组在首钢厂区内进行了工业遗迹摸底调研,通过调研将这些工业遗址分为三类:文物、强制保留、建议保留。在此基础上,2007年,北京市编制了《首钢工业区改造规划》将首钢老厂区共划分为:工业主题公园区、文化创意产业区、综合服务中心区、城市公共活动休闲带、滨河综合休闲带、总部经济区、综合配套区共七大功能区,对工业遗存以区域保留或单体性保留两种方式进行保护"①。然而,如何从整体上协调统一规划、布局这些遗产项目,以及如何具体实施保护目前尚无明确意见。这使得在规划实施过程中,这些遗产项目的保护效果会由于规划设计者理解不同而产生很大偏差。有种意见倾向于将首钢厂区建设成为"新首钢高端产业综合服务区",由于首钢工业区规划面积约8平方千米,如果没有合理的整体规划和明确定位,工业遗产将会湮没其中,首钢南部众多体量巨大、内部空间宽阔的现代工业厂房建筑更可能会面临拆迁改建的命运。

三是对首钢北区部分建筑的利用规划没有突出首钢工业遗产特色,破坏了工业遗产原真性。首钢确定转产、搬迁以后,首钢集团积极组织创意设计和规划工作,这些创意设计方案有的为首钢工业遗产展示起到了增色作用,但有部分针对单体工业遗产所做的创意设计,违反了"不改变文物原状"原则,可能造成建设性破坏。比如,有的设计

① 张青茂,万川特,王维.首钢工业遗产改造中的绿色转化.工业建筑,2010(44).

方案将首钢原 1 号高炉设计成外表形似北京天坛的演艺馆，2 号高炉被设计成了综合游娱馆，并被分别命名为"汇懿宫"和"瑞欣宫"，这种在工业遗产建筑上建设的游艺场所无论是名称、功用还是建筑造型都与整体环境极不协调。3 号高炉虽然准备建成"首钢博物馆"，但对高炉原有结构进行了很大改变，并在功能设计上更突出了其景观游娱、会议室等功能，而对首钢文化和工业遗产展示基本被搁置一边。

四是首钢工业区内部分项目缺乏整体规划和科学论证，可能影响文物安全。首钢北部的石景山，不仅拥有大量裸露于外表的石刻造像、庙宇、宫殿、碑刻等文物古迹，而且还有地下建筑基址和人类活动遗址。由于该区域常年处于厂区，当前对其文物普查摸底工作并不充分，所核定的文物保护单位级别偏低。目前，首钢正组织对部分古建筑群的复建维修，但这些复建工作缺乏必要的前期考古勘探和调查研究，科学理论依据不足，可能会造成建设性破坏。此外，规划中的城铁 S1 线将穿山而过，而轨道线路对山体和历史文物本体安全影响及整体环境影响缺乏应有论证。

2011 年，全国政协教科文卫体委员会针对加强首钢工业遗产保护与利用形成了《关于加强首钢工业遗产保护与利用的调研报告》，报告提出了几点意见：

第一，统一认识，准确定位，明确首钢工业遗产保护和利用在首钢工业区规划中的核心地位。首钢有独具优势的地理位置，有震撼人心的工业遗存，有难得的巨大空间和大型建筑，完全可以在停产后，迅速实现转型，抢占先机，在短期内使首钢成为令人向往的、极具文化气息的美好园区。北京市各相关职能部门及首钢总公司应充分认识到首钢工业遗产保护对于彰显北京城市特色、记忆城市发展历史具有非常重要的意义，进一步明确工业遗产保护在首钢工业区定位中的核心地位。在首钢工业区的功能规划中突出工业遗产特色，无论是文化创意产业还是景观旅游都应做到"以钢为纲"，围绕钢铁工业遗产的主题和工业文明史这一核心，保证首钢工业区整体环境的统一性、协调性和完整性。

第二，抓紧编制首钢工业遗产保护规划，探索首钢工业遗产保护性再利用途径。在进行充分调查研究基础上，科学制定总体保护规划，对各个时期代表性的工业遗产进行整体系统保护，真实全面地保存历史信息及突出价值。对于首钢厂区内不同地段的文化遗存，可以采取不同的保护与利用方式。对于首钢厂区北部的文物古迹，应进行整体保护，对文物建筑进行保护修缮或遗址展示，并对社会有序开放。对于首钢厂区中部的早期工业遗产，应作为体现首钢工业遗产价值的核心区域。对于工业遗产本体和环境，应进行整体保护与展示，体现出首钢工业遗产震撼人心的规模和雄伟壮观的气魄，成为独具特色的工业遗产公园。对于首钢厂区南部现代工业厂房建筑，可以通过内部合理改造建设中国工业博物馆，填补我国博物馆体系空白。对于一些高大厂房，可以利用为其他类型的博物馆、美术馆、创意产业园区等文化设施，吸引各类文化机构入驻。

第三，建议文物部门加大对首钢工业遗产和文物保护工作的政策指导和技术支持力度。首钢总公司对工业遗产和文物保护的重要性方面已经取得了共识，但由于对专业性技术方面存在的薄弱环节，致使在工作细节处理方面出现了一定程度的偏差，一些设计方案如果实施将造成建设性破坏，一些项目实施并不符合专业技术操作规范。因此，建议文物部门加大对首钢工业遗产和文物保护人员的指导和培训力度，帮助首钢总公司抓紧编制首钢工业遗产保护规划，科学界定首钢工业遗产的核心价值，将具有重要保护价值的工业遗产及时申报公布为全国重点文物保护单位，使之得到科学保护。

第四，进一步加强对石景山文物古迹的勘探、调查和摸底，及时组织 S1 线等基础建设项目对文物古迹影响的科学评估。2010 年，相关单位先后两次发布了《北京市轨道交通门头沟线（S1 线）工程环境影响》公示，但该环境评估体系中并没有关于文物安全影响评估，建议重新评估该轨道线路对石景山摩崖石刻等古建筑群可能造成的潜在影响。同时，对该线路所经过路段进行前期考古勘探。此外，鉴于石景山明清古建筑地基周围发现有叠压的唐宋时期文化遗迹现象，建议立即终止正在实施的古建筑群复建项目，待实施科学考古勘探和发掘后重新制订维修计划。

世界经验：工业遗产保护和再利用的经典案例

与人类文明的发展史相比，工业文明的历史算不上悠久，但它所创造的物质和精神财富，以及对世界和人类生活的影响，都远远超过之前几千年的总和。18 世纪 60 年代，以蒸汽机为代表的第一次工业革命在英国爆发，至今已经过去了 200 多年。工业革命在改变人们生活的同时也改变了城市和乡村景观，技术的迅猛发展使工业设施随处可见，人们为工业大发展欢欣鼓舞，因为它记载了人类历史重要的一页。

20 世纪 70 年代欧美国家开始经济转型，传统工业逐渐被高新产业所代替，原有的煤、矿资源逐渐枯竭，工业设施不断被遗弃和荒废，大量产业工人失业，造成一系列环境和社会问题，人们开始反思工业化带来的负面影响。同时，随着工业化进程的加速，至 20 世纪 70 年代较为完整的工业遗产保护理念也逐渐形成。工业遗产的保护、更新及利用，对于当今后工业程度越来越高、工业文明极度普遍化的社会，已经不再是一个陌生的名词。

1973 年，第一届国际工业纪念物大会（FICCIM）的召开，引起了国际社会对于工业遗产的关注。1978 年国际工业遗产保护委员会宣告成立，成为世界上第一个致力于促进工业遗产保护的国际性组织，同时也是国际古迹遗址理事会（ICOMOS）工业遗产问题的专门咨询机构。2003 年 7 月，在俄罗斯下塔吉尔召开的国际工业遗产保护委员会大会上，通过了专用于保护工业遗产的《下塔吉尔宪章》。该宪章阐述了工业遗产的定义，指出了工业遗产的价值，以及认定、记录和研究的重要性，并就立法保护、维修保护、教育培训、宣传展示等方面提出了原则、规范和方法的指导性意见。

近年来，工业遗产的概念在继续扩大，其中"工业景观"的提出引起了人们的关注，一些国家已经开始实施广泛的工业景观调查和保护计划。P. 威克林先生认为："一个真正的整体方法包括景观的表面、界限、水道、植被、建筑物和通道各个方面。"国际工业遗产保护委员会主席 L. 伯格恩教授则指出："工业遗产不仅由生产场所构成，而且包括工人的住宅、使用的交通系统及其社会生活遗址等。但即便各个因素都具有价值，它们的真正价值也只能凸显于它们被置于一个整体景观的框架中；同时在此基础上，我们能够研究其中各因素之间的联系。整体景观的概念对于理解工业遗产至关重要。"

例如，英国的铁桥峡谷工业旧址，经打造形成了一个占地面积达10平方千米，由7个工业纪念地和博物馆、285个保护性工业建筑整合为一体的工业景观，平均每年约有30万参观者光顾。

英国的布莱纳文工业景观及其关联景区则延伸30平方千米，包括铁矿石场、石灰岩采石场、煤矿、铁炉、砖厂、隧道、蓄水池、露天人工水渠、分散的厂房，以及教堂、学校、工人公寓和周围的城镇，还包括草地和树林等一系列内容，具有"生态博物馆"的氛围，集中地反映了该工业景观的真实性和完整性。

一些国家和地区充分认识到工业遗产的重要价值，将其作为一种文化资源，走出了一条与满足社会文化需求相结合进行工业遗产保护的路子。这些一般人看来似乎不再具有价值的老工厂，在创意者眼中却是激发创作灵感、孕育创意产业的宝贵资源和难得空间。

英国伦敦著名的泰德现代美术馆，由原本可能被拆除的火力发电厂改建而成，经过数年运营发展，不但成了全世界吸引观众最多的美术馆之一，同时带动了泰晤士河南岸地区从贫困衰退的旧工业区走向富裕的文化繁荣地区。

著名的法国奥赛博物馆，是利用当年为举办1900年巴黎世界博览会而建的奥赛火车站改建而成。20世纪70年代初，这里曾因废弃而险些被拆，也是在市民的积极呼吁和保护下，之后被列为国家级的纪念建筑。现在，在保持历史建筑形成的标志性景观基础上，室内进行了合理改造，满足了博物馆的功能需求。

国际社会对于工业遗产保护逐渐形成良好氛围，越来越多的国家开始重视保护工业遗产，在制定保护规划的基础上，通过合理利用使工业遗产的重要性得以最大限度地保存和再现，增强了公众对工业遗产的认识。随着时间的推移和历史的沉淀，传统工业遗迹越来越彰显出所具有的文化意义，传统工业文化逐渐成为工业发达国家历史文化遗产的一部分，其价值大大增加。为了挽救这些被遗弃和毁坏的矿山、工厂等，联合国教科文组织（UNESCO）把这些工业遗迹及杰出地表现了当时工程技术水平的运河、铁路、桥梁，以及其他形式的交通和动力设施，收入了《世界遗产名录》。

越来越多有价值的工业资源列入了文化遗产的保护范畴，并且受到重视。进而"工业遗产"这一术语作为文化遗产的重要组成部分已被普遍接受，工业遗产在《世界遗产名录》上的地位较以往也大为提高。

在世界文化遗产德国鲁尔区工业遗产，可以看到将矿山、工厂、工人居住区、企业主别墅门前和周边、工业企业投资建设的花园和公园等作为工业遗产的重要组成部分进行公开展示，显示当时的工业如何注重企业形象，对工人的生活和休闲如何关心。鲁尔区工业遗产还把工业生产厂区曾经污染的环境如何实现生态恢复作为其展示部分。此外，鲁尔区工业产业建筑及地段改造的成功案例，使工业遗产的保护与再利用引发了世界同行的进一步关注。

德国埃森的矿业同盟工业区景观使我印象深刻。这里于 2001 年列入《世界遗产名录》，同样保留着历史上煤矿工业区的完整结构。该工业区于 1847 年运行，1986 年停产，见证了曾经作为当地支柱产业的煤矿业的百年兴衰。这个曾经污染严重、逐步走向衰落的老工业区，通过进行产业结构调整转型，今天作为工业遗址公园而吸引着成千上万的访客。参观者可以通过当年的设施进入地下矿井，实地体验过去采煤的环境。昔日的运煤火车被利用为游览工具，矿区内的一些工业设施、铁路设施，甚至旧火车车厢也被作为社区居民和参观者开展各种活动的场地。

奥地利的塞默灵铁路是早期最伟大的铁路建设工程之一，并持续使用至今。因它穿越了一个壮丽的山地景观，同时沿途有众多精美的民居建筑，而成为一条著名的文化线路。1998 年，这里作为工业遗产被列入《世界遗产名录》。列入保护的还包括与工业活动有关的社会场所，如工人住宅、宗教场所、教育培训设施、工商业城镇等。例如，巴西的戈亚斯城历史中心在 2001 年作为工业遗产被列入《世界遗产名录》。

在这些工业遗产保护范围内，生锈的高炉、破旧的厂房、废弃的设备不再是肮脏的、丑陋的、破败的、消极的；相反，工业遗迹作为近现代城市发展的见证，与那些古代的宫殿、城池和庙宇一样，成为承载人类历史的重要媒介和人类历史遗留的文化景观，是人类工业文明的见证。这些遗迹作为工业生产活动的结果，饱含着技术之美。工业设施建造所应用的材料、造就的场地肌理和结构形式与如画的风景一样打动人心。

实际上，作为完整的工业遗产还应该保留遗产的"原生态"。例如，在保护中保留被污染的土壤和地下水样本，展示工业生产的破坏性；针对污染进行各种试验，展示各种治理方法的效果和时间；短时间模仿工业生产时的噪声污染；利用非污染物质的替代品模仿工业生产时的空气污染。这些展示也可以成为工业遗产的重要组成部分。感同身受的体验将有助于人们形成对工业遗产更加全面的认识。

另外，在一些国家，工业遗产保护问题首先引起当地居民的关注，才逐渐得到了社会民众的理解和支持，成为保护的主要力量。

在日本留学期间，我考察了发生在北海道的小樽运河保护运动。小樽曾是日本西部沿海最大的港口，重要的移民和物资集散地，全长约1.3千米的运河承载着昔日的繁荣，与运河沿岸的仓库、厂房及港口设施共同构成了当地的独特风景。1966年夏，地方政府因建设六车道的沿海道路，计划将历史悠久的小樽运河填埋60%，计划还威胁到上百栋明治时代的石造仓库群。这一严重事态引起市民的抗议，他们认为小樽运河和石造仓库群是城市经济繁荣的历史见证，构成了当地的独特景观，于是自发组成"小樽运河保护会"，开展了持续的保护运动，不但有效阻止了建设性破坏，而且促成该项遗产被列为"国家重要的传统建筑物群保存地区"。

美国纽约曼哈顿的苏荷（SOHO）区在第二次世界大战前曾是著名的传统工业区，也是美国重要的工业基地，经济大萧条后工厂搬迁，闲置了大量厂房和仓库。随着20世纪纽约金融化、现代化发展，一批艺术家将这片区域内闲置的工业厂房和仓库内部稍加整理后，用来作为自己艺术创作、作品展示、交流聚会和相关生活的场所。一开始这里没有人管理、不收取租金。经过多样化的使用后，人们开始喜欢这个地段优越、建筑内部宽阔、易于产生创作灵感的空间，于是有更多年轻艺术家来到这一区域。这些艺术家的入驻确实有利于工业遗产的保护和合理利用。

随着经济回温，许多工厂的所有者希望把这些"非法占据"的艺术家赶走，然后把这些厂房卖掉。纽约市政府也曾计划对该地区的传统建筑实施拆迁，改建为现代化的写字楼和高级公寓，但是遭到市民的强烈反对。为此，全纽约的艺术家团结起来，协力保护这些工业遗产。当然，这次保护行动具有双重意义，一方面是为了维护他们自己的低成本使用，另一方面是为了保护工业历史。之后，保留下来的苏荷区逐渐发展成为艺术品经营业、餐饮业、时装业等诸多产业聚集的区域，形成了独具特色的"苏荷模式"。20世纪70年代，民众的诉求得到了正面的回应，纽约市政府终于决定将苏荷区列为保护区域，明确规划这里以艺术经营为主，苏荷区重新走向了繁荣。

总之，只有适合的才是可持续的。而找到适合的模式与定位，才能使工业遗产走可持续发展之路！

"全面把脉"新方向

　　2019 年 12 月 16 日，我随《我是规划师》节目组来到首钢主厂区。清晨开始飘落雪花，到厂区后竟然越下越大，成为近年来北京地区难遇的一场大雪，把房屋和地面覆盖得一片洁白。当漫天雪花飘落，白雪覆盖下的首钢工业建筑群壮观、庄严、安详。落满了雪的高炉，看起来有一种时间定格的美感。冬雪覆盖的秀池，洁净、宁静。飞雪中的高大厂房，仿佛带我们一行穿越首钢百年的厚重与静美。

秀池印象：棕地变公园

　　我们来到首钢秀池畔，与已经提前到达的鞠鹏艳工程师会合。她所率领的北京市城市规划设计研究院总体规划所团队在首钢主厂区这块土地上已经深耕了十余载，他们的工作是制定和深化控制性详细规划，并指导相关规划设计单位编制设计方案，其中成就了很多优秀的规划设计成果。鞠鹏艳工程师首先向我介绍了秀池保护和合理利用情况。

首钢秀池曾经是平均深度 4.5 米的高炉冷却晾水池，用于存放炼铁循环用水，如今已经成为首钢园区内知名的文化创意展示空间。秀池地面部分为景观水池，地下部分形成 3200 平方米的下沉式环形水下展厅，以及能存放 800 多辆机动车的地下车库。这种设计在注重风貌协调的同时，利用更多创意元素为项目注入新活力，还巧妙地解决了工业场地改造中停车的难题。原来的工业晾水池，竟然变成了如此精彩的综合文化空间，这无疑是一个具有国际一流水准的工业遗产保护性再利用复兴实践的成功案例。秀池从一个重工业的棕地变为波光粼粼的公园，这也是一个全生命周期的生态转型模式。

首钢主厂区首先选择秀池进行生态修复，抓住了区域生态格局的要点，也将石景山与高炉及未来的工业遗址公园融为一体。秀池环形水下展厅是完全独立于高炉博物馆的临时展厅。圆环形的内部空间充满现代感，与高炉形成鲜明反差的同时，为当代艺术的介入提供了可能的舞台。2018 年 12 月 31 日，北京卫视 2019 跨年晚会选址首钢秀池水下展厅屋面搭建舞台，更营造了无与伦比的湖中冰上舞台的视觉效果，令世界为首钢转型更新的成效侧目。这一系列文化导向的场景营造，引起了城市能级的聚焦关注，也将不断在未来给首钢园区、给城市带来惊喜。

　　首钢主厂区内有一条由蒸汽管道等组成的工业架空管廊，犹如银灰色的钢带贯穿于整个厂区，大雪中我们登上了架空管廊。这里过去连接着不同生产环节，如今工业架空管廊和带状绿化系统基本重合，工业架空管廊及通廊系统已改造成"空中步道"，形成了完整的公共活动休闲带，贯穿起新首钢的不同功能区。空中步道全长约 8 千米，作为首钢园区"地面—5 米高空—12 米高空"三级立体慢行系统的重要组成部分，可以为访问者带来不同层次的观景、休憩、健身体验。

　　秀池与空中步道的设计与规划是我们所倡导的整体保护理念的一个缩影。在规划中，不仅要关注单体工业建构筑物，更要关注于工业场地的文化脉络。从片段式的工业建构物保护拓展到全工业流程的结构性保护，将现状地下空间、管道通廊，现状铁路、道路，现状绿地和公共空间纳入保护再利用体系，综合反映工业生产流程特色；从规划庆典场所、特色记忆空间等处，将首钢的生产资料、技术、精神等融为一体，尊重工业历史、赋予时代解读、唤醒往昔记忆，营造出极佳的工业遗迹体验场所。"空中步道"，让首钢真正成为城市的一部分，让"城市人"也能在这里找到活力空间。

遗存新生：多样而丰富的首钢文化遗产资源

　　首钢是我国工业遗产的典范，也是极其难得的文化景观。首钢地理区位优越，背靠连绵的燕山山脉，旁临宽阔的永定河，众多文物古迹与近现代工业遗产交相辉映，构成一个十分完整的人与自然、历史与现代共存的文化景观，也是今天从大工业时代走向信息化时代十分难得和极其少见的工业文化景观。首钢百年奋斗史，艰辛而辉煌，如今留下了丰富的文化遗产资源。既有古代的，也有现代的；既有单体的，也有区域的；既有不可移动的，也有可移动的；既有物质的，也有非物质的。

在古代的文化遗产资源方面，首钢主厂区内的石景山上，遗留寺庙山门、碧霞元君祠、玉皇殿等丰富的古代历史遗迹。首钢生产区域内也有一些历代文化遗存。例如，位于首钢公司制氧厂内的雍正御制碑亭，此碑亭原为"敕建北惠济庙"内御碑，1957 年北惠济庙被拆除，仅保留碑亭。1995 年，首钢公司重修碑亭，碑刻保存完好。

在现代的文化遗产资源方面，有 1919 年建厂初期修建的第一蓄水池，其位置和形状至今没有任何大的变化，成为石景山钢铁厂发展的见证。再有石景山上遗留有日伪时期的 4 座碉堡，均匀分布于石景山东麓的山坡上，损毁程度不一。还有位于石景山脚下的红楼迎宾馆，是 20 世纪 50 年代为接待苏联专家而建。此外，五一剧场、第二泵站等建筑物也同样颇具企业历史及文化价值。

在单体的文化遗产资源方面，首钢主厂区拥有不少国内独创的建筑结构类型与技术。例如，始建于 1958 年的一烧车间，引进了苏联的烧结工艺，也是苏联援助石景山钢铁厂扩建这一特殊历史时期的见证；再如，在高炉建设中首先采用钢管混凝土格构柱，为当时国内最先进的结构技术，为国家钢管混凝土设计规程编制提供了重要的工程依据。此外，还包括在产业发展史上具有重要位置的中国第一座氧气顶吹试验的三高炉等。

在区域的文化遗产资源方面，首钢工业遗产是既整齐庄重、又朴实无华的文化景观，保护首钢文化景观，是对工业厂区格局结构性特征的传承。特别是长安街西延线北部石景山和晾水池周边区域，这里是首钢的发源地，同时也是工业遗存最为集中的区域，整体格局保存较为完整，历史脉络清晰，钢铁工业风貌特征也非常明显，应该进行区域整体保护。从总体来看，早期工业遗存主要集中在现长安街西延线以北部分。同时这一地区也基本保持了原有的历史格局，作为工业遗产保护区，可以很好地体现首钢早期历史的发展。

在不可移动的文化遗产资源方面，包括厂房、仓库、水池、高炉、水塔、烟囱、储柜、储罐、煤仓、传输、管廊，以及管理办公用房等建筑物和构筑物。首钢工业区域中心工业遗迹分布最多，景观形态也极为丰富，其中比较重要的有：1919 年建厂初期的第一晾水池和后来建成的更大的第二晾水池；始建于 1945 年的二焦炉；建厂初期陆续修建的 1 号、2 号、3 号、4 号高炉；以及随处可见庞大的冷凝塔、煤气柜、料仓、运输管道、各类高架和斜撑构筑物、铁路等。从北向南可以规划出一条工业遗迹最集中的道路，而且这条道路上北部的工业遗迹较早，南部的较晚，因此具有见证首钢历史发展的作用。

在可移动的文化遗产资源方面，包括工具、器具、机械、设备、办公用具、生活用品，以及契约合同、商号商标、产品样品、手稿手札、招牌字号、票证簿册、照片拓片、图书资料、音像制品等涉及企业历史的记录档案。档案是传承企业文化的重要载体，是企业文化的重要组成部分，是服务于企业发展不可或缺的宝贵资源。

在物质的文化遗产资源方面，包括建筑、构筑物、场地、设施设备、产品、原料、废弃物，作为工业生产状态和生产变化的见证。在自然要素方面，包括山、水、树木、动物，表明工业生产的环境和与自然的关系。在文化要素方面，包括报纸橱柜、雕塑壁画、奖状奖杯、影像照片、服装工具、劳动保护、标语口号、印刷品、网站建设等，表明与工业生产密切相关的软环境。

在非物质的文化遗产资源方面，一是与历史相关的厂史厂志、人物事迹、机构组织；二是与生产相关的工艺流程、生产技能、科研成果、产品产量；三是与管理相关的规章制度、企业精神、企业文化。这些具有价值的非物质文化遗产，反映首钢在发展钢铁生产中几代首钢人奋发图强、可歌可泣的动人事迹，以及团结协作的精神和文化内涵，还包括存在于人们记忆中的产业形象、工艺技术、流程工序及相关传统等。

在体现文化遗产资源较好的外国工业遗址代表中，有我曾访问过的德国弗尔克林根钢铁厂。这里于 1994 年列入《世界遗产名录》，是工业遗产保护的一个生动范例。弗尔克林根钢铁厂占地面积约 6 公顷，是整个西欧和北美地区现存唯一一处保存完好的 19 世纪和 20 世纪时期集建造和装备于一体的综合性钢铁厂遗址。尽管已经停产多年，但是透过锈迹斑斑的建筑物、构筑物遗存，仍然向人们展示着当年钢铁厂的整体风貌。原状陈列的高炉、吊车、轨道、排风机、烟囱等工业设施，详细述说着当年炼铁工业的各个生产环节。

令我印象深刻的是，在工业园区内随处可见企业转型前后的新老照片对比，见证着曾经火热的生产情景。特别是记录生产场景的历史照片，向人们传达着昔日劳动的艰辛，而照片中当年劳动者们脸上洋溢的笑容表现出产业工人的自信与自豪。当年规模最大的厂房如今被用作美术馆，室内保留下来的各种工业设备和密布的能源管道像一组组风格独特的雕塑，使人们置身于一个充满遐想的工业遗址空间，给参观者增添特殊的体验和情趣。我们在工厂的食堂中品尝了由原工厂工人们再就业后制作的物美价廉的午餐，可以体会到为解决工人就业问题，企业所开辟的多种途径。

文化遗产资源和工业遗产的结合吸引了无数人前来参观。特别是那些对工业设施缺乏体验的中小学生常常流连忘返。风景优美的工业遗址公园还吸引了众多创意产业公司、产品研发机构等企业落户，在保护完好的 20 世纪工业建筑中还经常举办各种会议和展览活动。园区在提供优质服务的同时，也取得了可观的经济效益。

以上工业遗产保护实践表明，科学合理的利用可以使停产多年、肮脏混乱的工业区变得整洁高雅，充满文化气息，环境污染、工人就业等问题同时得到较好解决，使老工业基地重新焕发出青春，成为保护工业遗产、复兴工业文化的成功范例。

助推两翼：城市规划视野下的"动态更新"

2014 年 2 月，习近平总书记在考察北京市时提出建设"全国政治中心、文化中心、国际交往中心、科技创新中心"的"四个中心"定位。在此定位的指引下，北京市大范围腾退既有工业类一般制造业，疏解各类一般市场及物流等"非首都核心功能"，调整和构建首都"高精尖"新产业结构。习近平总书记也曾视察首钢，并多次提出明确要求，为首钢未来发展指明了方向。

在《北京城市总体规划（2004 年—2020 年）》中，对首钢工业区的定位和要求是：结合首钢搬迁改造和石景山城市综合服务中心、文化娱乐中心和重要旅游地区的功能定位，在长安街轴线西部建设综合文化娱乐区以完善长安街轴线的文化职能，提升城市职能中心品质和辐射带动作用，大力发展以文化、信息、咨询、休闲娱乐、高端商业为主的现代服务业。

首钢顺应城市整体定位和国家"功能转型、减量提质"的指导方针，调整步伐，走出了一条属于自己的可持续发展的城市更新之路。在规划视野下，首钢发挥出架构"中轴两翼、两翼齐飞"的城市职能；"动态更新"也为深化北京城市供给侧改革，助推城市化进入精耕细作的发展周期奠定了良性基础。

首钢主厂区作为核心区，西临永定河，北接阜石路，南至莲石路，坐拥石景山，内有秀池、群明湖等水系，规划建筑面积约 1000 万平方米。首钢停产直接影响到的城市用地，调整规模有十几平方千米，是北京市区内唯一可以大规模联片实施城市更新的区域。2014年，首钢获得批准成为全国老工业区搬迁改造的 1 号试点基地，同年出台了国家老工业区改造的试点政策——《北京市关于推进首钢老工业区改造调整和建设发展的意见》。2015 年，首钢提出不再追求高容积率、高开发量的增量模式，而是转变为实现钢铁和城市综合服务两大主导产业并重和协同发展。

在调整与更新下，以首钢主厂区为代表的北京西部板块的崛起，更好地平衡了北京城市传统东重西轻的格局，与通州城市副中心相呼应，为北京西部树立产业结构调整的示范园区。"新首钢高端产业综合服务区"是目前中国国内乃至世界范围最大规模的重工业遗存更新项目，它位于长安街西延线，涉及石景山、丰台、门头沟与首钢"三区一厂"，共 20 多平方千米。同时服务区享受国家首批城区老工业区改造试点、国家服务业综合改革试点区、国家可持续发展试验区、中关村国家自主创新示范区等诸多优惠政策；已成功申报国家级智慧城市试点、国家体育产业示范、北京市绿色生态示范区、国内首个 C40① "正气候" 样板区。首钢切实落实中心城 "减量提质" 的发展要求，近年来两次对首钢园区控制性详细规划进行优化调整，使总建设量从最初的约 1300 万平方米，核减规模 200 余万平方米，增绿留白。

---

① C40：C40 城市集团是一个致力于应对气候变化的国际城市联合组织，包括来自中国、美国、加拿大、英国、法国等国的城市成员。

新厂区在河北曹妃甸拔地而起，完成从"山"到"海"的跨越。由首钢人自主研发的两座 5500 立方米高炉和"全三脱"炼钢厂，已巍然矗立在渤海之滨续写辉煌。

2017 年 9 月，《北京城市总体规划（2016 年—2035 年）》正式发布，其中要点有：确定北京城市战略定位；疏解非首都功能，设立北京城市副中心；生态保护；历史文化名城保护；京津冀协同发展。规划提出"一核一主一副、两轴多点一区"①的城市空间结构。规划的核心就是围绕"建设一个什么样的首都、怎样建设首都"这一问题进行定位，强化"四个中心"的城市战略定位。

推进首钢搬迁和新首钢地区发展建设，是优化首都城市功能、调整重大生产力布局、促进首都人口资源环境协调发展的重大战略措施。按照新版北京城市总体规划对城市西部地区发展要求，结合首钢地区独特的资源禀赋、区位优势和文化印记，加快聚集科技、文化、体育、传媒、绿色环保、消费类应用及国际交往等契合首都核心功能的要素资源，建设以跨界融合创新为鲜明特色的新一代高端产业园区，形成具有国际影响力的"城市复兴新地标"。

新首钢地区牢牢把握发展定位，紧紧围绕传统工业绿色转型升级示范区、京西高端产业创新高地、后工业文化体育创意基地等功能定位，按照新版北京城市总体规划要求，突出科技创新中心、文化中心

---

① "一核一主一副、两轴多点一区"：一个首都核心功能区、一个中心城区、一个北京城市副中心；中轴线及其延长线、长安街及其延长线，多个位于平原地区的新城和一个生态涵养区。

功能定位，大力发展与区域功能定位相匹配的、经济效益明显的生产性服务业：金融服务业、科技产业和总部经济，打造国际人才社区。聚焦智能制造服务、物联网、新材料、文化创意和体育休闲等细分产业，加快形成支撑转型发展的新动能。

目前，首都从外延扩展进入存量提升的城市发展阶段，老工业区的文化传承、社会转型、产业活力激发、生态环境治理、城市更新相关政策的创新、城市治理体系的完善，都是北京进入存量提升时代面临的新问题，首钢这片土地就成为解决这些问题的重要支撑。首钢实施钢铁生产功能外迁，对于北京建设"国际一流的和谐宜居之都"具有重要意义。为此，首钢将继续加快在北京地区发展高端产业、都市产业进度，大力发展高端新材料、高端装备制造业、生产性服务业、汽车零部件产业、动漫文化创意产业，发展总部经济，为北京经济发展做出新贡献。

总体来说，北京城市总体规划和首钢工业区的定位，均为保留首钢工业区的文化脉络，也为强化其场所精神提供了最大的可能性。工业遗产的保护并不仅仅是保护单个建筑的概念，还应该包括对历史地段的保护，包含建筑及建筑周边环境两个方面，它们共同形成工业遗产的整体风貌。它们中任何一个的破坏，都意味着其文化总体意义的缺失。因而首钢工业区的保护与再利用应视为在一定范围内整体历史地段的保护，这样才能真正起到尊重历史、延续文化的作用。

"贯通连接"新轴线

    2019 年 12 月 20 日，《我是规划师》节目组再次来到首钢，这是雪霁后晴空万里的日子，与几天前雪花纷飞的天气形成反差。我与鞠鹏艳工程师一起登上石景山最高处，从石景山上俯瞰整个首钢园区和永定河两岸景观。新首钢高端产业综合服务区北区占地 2.91 平方千米，紧临永定河，背靠石景山，是北京城六区唯一集中连片待开发的区域。鞠鹏艳工程师告诉我，2004 年她第一次来首钢的时候，首钢还是一派"热火朝天"的景象，当时被北京城区之外有这样一片"工业园区"的生命力所震撼。而 2010 年最后一炉火熄灭之后，每次再来首钢，都感到一次比一次破败。

    石景山自古就有"燕都第一仙山"的美誉，位于首钢厂区的西北、永定河东岸，就在首钢厂区内，可以算是首钢的"后花园"。它属于太行山余脉，山并不高，海拔只有 180 余米，由于石景山并没有经过太多的人为修葺，因此还依然保持着自然的"外貌"。石景山上的绿化环境很好，山上绿荫浓密，空气清新。大雪过后，蓝天之下的石景山呈现出琉璃世界的宁静与辉煌，沿登山路随处可见丰富的古迹，有保存完好的古井、完整的寺院山门，以及碧霞元君祠、玉皇殿等，山上还拥有 50 余处历史遗迹。对于这些文物古迹，应进行整体保护，而文物建筑也应在维修保护后，再对社会有序开放展示。

我们拾级而上，来到石景山最高处的景亭，俯瞰整个首钢园区，十里钢城正在发生翻天覆地的变化。从这里可以清晰地看到，首钢主厂区背靠连绵的燕山山脉，旁临宽阔的永定河，众多文物古迹与近现代工业遗产交相辉映，构成一个十分完整的人与自然、历史与现代相融的文化景观。站在石景山上望去，首钢主厂区宛若一个钢铁巨人，高炉在绿树、碧水的映衬下耸立，巨大的架空管道线贯穿整个厂区，延伸至远方，蔚为壮观。远眺新首钢地区的风景，北临白色狭长的 S1 磁悬浮线，西近重峦叠嶂的定都峰，视线转入东南方向，园区内三高炉、秀池、新首钢大桥、群明湖、工业遗址公园也尽收眼底。

焕新京西：永定河生态系统的复兴

2019 年 9 月 29 日，跨越永定河的新首钢大桥全线贯通。今天站在新首钢大桥上，感到视野非常开阔。桥下的永定河是北京市的第一大河流，是北京城市西部山水空间的核心要素，也是海河水系最大的一条河流，它流经北京、天津、河北、山西、内蒙古五个省（自治区、直辖市），是贯穿京津冀晋蒙的重要水源涵养区、生态屏障和生态廊道，是京津冀协同发展的"生态大动脉"，有句话叫"永定河、出西山，碧水环绕北京湾"。

永定河实施综合治理与生态修复，是京津冀地区生态环境建设的重大标志性工程。过去永定河河床及两岸由于挖沙和灰渣堆放，其水环境、土壤环境与植被环境都受到严重破坏。在城市西部山区，因无序开采留下了成片的破碎山体和灰石场地，尤其在风沙季节，人们更会感到环境被破坏的程度和修复的难度。目前，永定河流域及重点河段进行建设规划，细化完善了禁限建区规划，抓好水库保护区、山峡水源涵养区等规划设计，推进了永定河综合治理与生态修复。

记得 1997 年至 2000 年，我在永定河西侧的房山区工作，当时房山区的产业结构是"红""白""黑"为主。"红"就是生产黏土砖，由于取土破坏耕地，北京市决定全面实施停产，恢复地貌；"白"就是生产水泥和石灰，出于保护生态环境的考虑，北京市决定全面停止开山取材，关闭小水泥厂；"黑"就是小煤窑生产，一个时期以来有数百个小煤窑无序生产，不但严重污染环境，而且对煤矿资源造成浪费，北京市也决定全面进行关闭整治。当年为实现这些目标付出了极大努力。实际上，长期以来重工业生产给土壤环境、地下水环境留下的印记，也是必须面对的严峻问题。

"引黄入京"工程历史性地改变了永定河的生态环境。自2018年3月，黄河水从山西万家寨水库经河北调入北京，实现官厅水库蓄水及向永定河下游生态补水。如今北京市明确官厅水库作为首都未来重要战略储备水源地的功能定位，要逐步增加蓄水量，格外珍惜用好"引黄入京"工程来水，不建造大水面人工景观，突出"水"和"林"两个生态要素，加大节水力度，遏制地下水超量开采，提升水源涵养能力，合理配置外调水，把保障河湖生态用水放在突出位置，把来之不易的黄河水专用于永定河流域生态修复。贯彻"以流域为整体、区域为单元、山区保护、平原修复"的原则。

　　此外，还要合理划定流域保护蓝线，加强河湖水域岸线保护，严格流域水生态空间管控和地下水管理，抓好沿线"散乱污"企业疏解整治和农村人居环境建设，严厉打击污水直排、乱倒垃圾、河边烧烤、盗采砂石等违法行为，有序做好防洪和生态用地空间腾退。

　　为保护好永定河流域水环境，必须保证建设项目依法依规。目前，正在依法有序推进浅山区违法占地、违法建设、违建别墅专项整治，把存量违建减下来。拆除违建就是为了保护母亲河、保护绿水青山。例如，大山深处的上苇甸村凌沟，此前依山而建的50多栋违法建设别墅，在限定时间内全部拆除。同时，严格禁止出现新增违法建设，对新增违法建设坚持"零容忍"，确保动态"零增长"。

　　永定河是北京的"母亲河"，见证了北京3000多年的历史，串起了沿河城镇的水脉、文脉和人脉。永定河治理是首都生态文明建设的重要内容。我们要把山区建设成为生态安全屏障、平原建设成为绿色生态走廊，逐步恢复永定河生态系统，使永定河早日成为流动的河、绿色的河、清洁的河、安全的河，实现生态复兴。首钢紧邻永定河，永定河的生态系统复兴对首钢主厂区来说意义十分重大。

连接三区：城市规划调整下的新布局

首钢主厂区是石景山、门头沟、丰台三区联系的空间节点，区位条件十分重要。首钢作为大型传统重工业区与周边城市用地布局关系十分密切。由于首钢的存在，石景山、门头沟、丰台等区域的用地布局不同程度受到影响。丰台区西部的卢沟桥和长辛店地区，除了分布有为首钢主厂区生产配套的重型机械、建筑材料和生产防护用品等企业、货运交通用地外，还有大量生产废料的堆放场地，呈现出明显的工业区边缘空间形态。同时，石景山区、丰台区还规划了为首钢发展预留的大片生产用地。另外，首钢的影响还表现在更广阔的区域范围，如西部的铁路网交织着首钢的货运专用线，城市山区分布有原首钢的矿场。

围绕钢铁冶炼生产流程，首钢形成了有机组织的大规模工业用地。首钢厂区内部建筑物、道路、铁路、立体管廊分布错综复杂，成为区域交通联络难以逾越的屏障。长期以来，北京市区至门头沟、丰台河西地区，只能绕行西北方向的京门公路和西南方向的京石快速路，导致石景山、门头沟、丰台三区之间的联系不畅，区域内外综合交通系统不能形成，限制了北京城市西部次区域经济的一体化发展。

　　由于种种因素，虽然首钢支撑了石景山区几十年的经济发展，在一定程度上也促进了周边区县的制造业、矿业等建立，但是随着城市进入新的发展时期，首钢的存在对区域产业结构升级调整的制约也体现出来，并影响了北京城西部区域资源与交通优势的发挥，使北京城西部地区第三产业的发展落后于全市发展的平均水平。同时，在计划经济时期，通过大型国有企业办社会的方式形成了独特的社区生活配套模式，如原有的商业服务点、工人文化宫等。这些社会公共设施的职能现今已逐步退出历史舞台。相对落后的经济水平、人口结构和地区住民的消费能力，限制了现代化商业服务业、文化事业的发展。

　　门头沟区地处长安街西延线的西端，西倚西山、东隔永定河与首钢相望。虽然区位条件优越，但是，由于长安街无法穿越首钢实施向西的连通，切断了门头沟区与市区的便捷联系，无法与规划市区建立有机的发展关系，限制了门头沟区的地区社会经济发展。如今，新首钢大桥跨过了永定河，连接北京市西部的石景山区和门头沟区两区，它的建成标志着长安街西延线全线贯通。

　　根据《北京城市总体规划（2016年—2035年）》，永定河流域及重点地段的规划，将永定河沿岸6个区的控制性详规与长安街延长线、中轴线延长线等专项规划相衔接，与京冀跨界河段两岸的规划相衔接，推动上下游、左右岸的城市设计、生态景观协调统一。同时，区域规划和专项规划与新一轮百万亩造林绿化工程相结合，突出"水"和"林"两个生态要素，建设贯穿京津冀晋的绿色生态河流廊道。北京在走向国际化大都市的进程中，在协调大规模开发建设与古都风貌的保护矛盾时，应该留下更多成片的特色地区。地处象征城市政治、文化轴线的长安街西端，首钢鲜明的工业遗产形象与未来城市经济、文化活动紧密结合，将对北京城市文化品质的提升具有战略意义。

我们可以畅想，随着新首钢大桥落成，长安街可跨越永定河直达西岸，首钢园区的道路、空间、市政、景观等系统均充分纳入城市系统。曾经横亘在京西，阻隔了南北丰台、海淀，东西石景山、门头沟四区联动发展的巨型工业区域已经打开、重组，以积极的姿态拥抱、融入城市。新导入的创意产业也会使得疏通血脉梗阻的城市肌体充分焕发活力，极大改善京西地区传统产业单一、缺乏区域统筹等痼疾，在首都新一轮城市化进程中真正承担起城市布局中架构"中轴两翼、两翼齐飞"的城市职能。

首钢园区的"动态更新"为深化当下北京城市供给侧改革，助推城市化进入下一个精耕细作的发展周期奠定了良性基础。首钢主厂区沿永定河展开，有相当的纵深，是石景山区地理位置非常优越的一个区域，比其他区域更符合"北京西部生态带和长安街西延长线交汇点"的大空间定位。因此将首钢主厂区转换为城市公共空间，可以成为切实消除空间屏障，实现统一协调城市景观的积极因素。重点目标为：充分利用首钢主厂区的优越地理位置和首钢转型发展的巨大契机，促进石景山区域成为独具特色的现代都市组团，从而建设成为北京城市西部副中心。

首钢主厂区用地规划功能与布局的调整，会促使城市西部包括石景山、丰台、门头沟、房山等地区区域空间形态重塑等新的城市经济增长极。首钢作为城市西部空间板块的节点，通过采取打通长安街东西向联系，连通五环路、六环路，以及多条放射状国道，引入区域快速公交联络线等一系列提升区位交通条件的举措，配合区域生态环境修复治理行动，释放并联动周边地区巨大的城市发展空间，可以成为城市未来发展的重要职能中心。由此可以看到，首钢主厂区的更新，将成为国内首个将原有功能转化为城市综合功能区的工业遗产保护和再利用项目，使工业遗产更新与城市公共空间真正地结合。

加强宏观产业定位研究和相关政策的大力支持，抓住北京中心城调整优化与功能疏解的机遇，以城市重点发展的新型产业作为突破，使首钢主厂区及其周边地区成为中心城产业优化重要的承载空间。在产业带动方面，落实城市的发展战略，发挥以首钢为核心的西部城市综合服务中心面向区域的作用，进一步明确城市综合服务中心的功能，尤其是要研究在京津冀"双核、两翼、多中心"空间结构中，该节点对京石城镇发展走廊的作用，促进区域发展腹地的产业结构调整和经济实力的提升，加强与沿海地区的共同发展。

为了更好地贯彻"城市综合功能"这一定位，规划中没有独立地看待区域内留下的工业遗产，而是通过贯穿首钢主厂区整个区域的新首钢大桥，连接两侧道路，形成一条景观轴线。在通过首钢工业遗产塑造城市道路公共空间景观的同时，也起到了后工业文明传承的作用。立足石景山区的"山水轴园"优势和深厚的"京西文化"底蕴，以建设现代化首都新城区为目标，大力营造生态良好的城市环境和健康时尚的文化氛围，努力形成集文化创意、休闲娱乐、商务服务、高新技术、旅游会展等功能为一体的文化娱乐休闲区，使首钢保持永久性和持续性的内生动力。

首钢转型十余年，是首钢百年发展史的恢宏壮阔的一段篇章，也是首都经济文化生态复兴中浓墨重彩的一笔，成为中国城市更新的标杆。复兴背后的动力是创新。一是理念的创新，实现了文化、生态、产业、活力的综合转型；二是体制机制的创新，搭建平台，打破区域部门边界，协作推动整体的城市复兴；三是人的创新，通过首钢转型的各种挑战，决策者、实施者、规划师、建筑师，特别是首钢人都在不断创新，产生了首钢转型发展的璀璨成果，成为这片老工业基地面向未来的动力源泉。转型后的首钢正在加速崛起，未来可期。

无论从具有保护意义的工业遗产规模，还是这些工业遗产所具有的突出的普遍价值，首钢工业遗产都可以与德国的弗尔克林根钢铁厂等已经列入《世界遗产名录》的著名工业遗产相媲美。

创新聚焦：新思路面临新课题

前面讲到，首钢紧邻北京的"母亲河"永定河，也是长安街西延线的西端，与东端通州副中心东西呼应，是北京城市空间结构中的一个重要的节点，对于完善首都的空间秩序具有重要意义。目前，北京市提出"打造新时代首都城市复兴新地标"的总目标,提出"文化复兴、产业复兴、生态复兴、活力复兴"的理念,首钢主厂区走向转型发展,发展科技创新、"体育+"等服务业,很好地回应了这些目标和理念,腾退后的存量土地也将面对崭新的发展机遇,实现城市功能的提升。同时,北京市在"两轴—两带—多中心"大环境营造过程中,正在大幅度提高北京西部区域的生态环境质量和绿色屏障作用,建成"京西绿色生态屏障",可以大幅提升首钢文化旅游的优势。首钢位于"百里长街"西起点处,与北京的东西主轴线相接,道路网络系统四通八达,可利用的交通方式多样。从旅游可进入性角度看,首钢的区位与交通优势明显。石景山区是京西旅游资源富集区,自然环境、历史人文、现代社会旅游资源相互衬托,新老景点相互映衬。除西山八大处、法海寺、慈善寺、承恩寺、田义墓、龙泉寺等文物古迹,还有中国第四纪冰川遗迹陈列馆、石景山游乐园、雕塑公园等文化旅游景点。

这样的规划必然要面对这些文化、生态、产业和活力等方面的复杂问题,也必然需要韧性和耐心。这就需要组建综合研究团队,搭建规划协作平台,融合管理方、实施主体、专家等多元主体,汇聚规划、建筑、景观、产业、能源、生态、交通等多领域的专业力量,建立多主体和多专业的协同工作机制,抓住转型发展不同阶段的主要矛盾,以规划逐渐推进首钢主厂区转型发展,从战略走向策略,从策略走向方案,从方案走向实施,实现规划持续性和动态性的统一,才能共同谋划和实现转型发展蓝图。

针对首钢工业区工业遗产资源保护与再利用研究，需要对现存建筑物、构筑物的现状、历史、技术等各个方面逐一进行综合考察，以延续历史脉络、强化场所精神为目的，确立保护性再利用的初步设想，为首钢工业区控制性详细规划提供进一步深入的数据资料。同时，普查与认定、记录和研究的过程，也是宣传工业遗产重要价值和保护意义的过程，是发动企业和相关人员投入工业遗产保护的过程。

首钢主厂区转型发展涉及国内前所未有的研究课题，包括钢铁工业生产的污染物质调查与生态环境治理、河道流域综合治理与滨水城市景观建设、工业资源的保护与再利用方式等。这些在资金、技术等方面都具有相当难度，对于地区复兴是挑战也是机遇。首钢主厂区的发展需要重大项目的带动和世界范围的关注，环境的改善是制约地区复兴的重要因素，在环境、景观、建筑等方面采用创新性的手法，建设面向世界的生态环境修复示范区，展示北京在实现城市可持续发展目标方面的决心与技术实力，可以增强人们对地区全面复兴的信心，为地区产业发展带来更多的机遇，进而促进地区建设成为面向世界的产业结构调整示范区。

协调发展不仅要考虑区域协作的最终目标，还要关注在搬迁改造过程中阶段性的协调关系。一方面，原有的重工业生产协作关系停止后，大量相关土地逐步得到释放，土地的利用方式除了考虑城市功能布局的要求和用地的区位条件，还要密切关注改造的时序化进程；另一方面，以重工业为主要供需因素的区域能源、资源供给、交通组织也会打破旧有的平衡关系，需要研究建立新的供给关系，尤其是在搬迁改造的实施过程中，阶段性的动态平衡问题会更加复杂，最有价值的是，经过传统重工业产业升级换代的阵痛，在区域范围会建立起新的产业链条，推动区域经济的全面发展。

在政策体制方面，首钢工业区改造的长期性、阶段性与复杂性，对城市规划、管理与实施保障机制等也提出更为迫切的创新要求，这些对于能否形成具有示范意义、集聚城市重要功能的改造区非常重要。规划需要突破现行的编制办法，寻找更加灵活有效的手段来保障地区实现发展目标，解决阶段性的发展问题。在实施层面，重大项目的引入、规划长期目标的实现、土地的合理出让方式、跨区域协调发展机制等问题需要在特殊政策、机制保障、市场策划、技术支持等方面采取创新性的举措。

匠心独造新设计

2020 年 1 月 3 日，我同《我是规划师》节目组一行来到首钢三高炉。曾经的首钢不仅生产钢铁，本身也是一个由钢铁建成的世界。这样一个钢铁丛林，在炉火彻底熄灭之后，怎样能够让它不彻底冷却，永远保持热度，在全世界都是一个难题。例如眼前这座三高炉，过去是代表首钢生产能力的功勋高炉。这样一座钢铁建筑，是完全为炼钢而建造，那么在熄火之后，这个直径 80 米、高 105 米，曾经流淌着铁水的钢铁巨兽，是如何变成城市生活中让人流连忘返的公共空间呢？

薄宏涛团队：从投标失败到理念升级

在首钢三高炉下，我荣幸地见到了筑境设计的薄宏涛先生，他带领设计团队从 2015 年至 2019 年与首钢主厂区一起走过了将近 5 年时光。筑境设计公司在上海，5 年间他频繁飞行于上海和北京两个城市，每周一城一半时间，居然飞出了航空金卡。薄宏涛先生向我讲述了承担首钢项目规划设计过程中的喜怒哀乐。

在参加首钢园区倒班宿舍投标时，薄宏涛先生因为出差错过了基地踏勘，回到上海研究任务书时发现如果不拆除基地内的两座老厂房，根本不可能达到要求的客房数。询问踏勘过基地的同事，得到老厂房毫无特色的反馈，于是他决定采用拆除老厂房方案。交标的时候发现 7 家参标单位中 6 家设计单位同样采取了拆除新建策略，而另外一家李兴钢（国家体育场"鸟巢"中方设计团队总设计师）设计团队提交的方案却是完整保留两栋老厂房的插建方案，虽然客房数量未能达到任务书要求，但是在策略选择上压倒性胜出。

这次投标的失败，让薄宏涛先生输得心服口服，他立刻总结吸取教训，着重强调了对工业遗存和土地的尊重，强调了基地踏勘的重要性。此后所有参加投标的项目，他都要第一时间自己去现场踏勘，这也是得益于李兴钢设计团队给他们上的生动一课。薄宏涛先生也讲述了现场踏勘的艰苦和快乐。在冬季，几位上海的同事因为从来没有在冰上行走的经验，以致在雪水板结的冰冻土地上，结结实实连摔了几跤，但是这丝毫没有减少大家踏勘的热情。

之后，薄宏涛设计团队迎来了联合泵站的投标，此次他们吸取教训，组织上海所有参加竞赛的同事在现场足足踏勘了两天，把对于工业遗存的充分尊重作为设计的首要策略。一个月后，他们拿出的方案完整保留了原联合泵站，并提出结合西侧的热水站和生活用水锅炉房及水塔，在功能植入与尺度缝合的基础上，巧妙地叠加了游走式步道和景观通廊，从而建构出园区内部与南侧秀池湖面及滨湖原生林地的对话关系。这样的设计态度和理念，也使薄宏涛设计团队最终成功取得了首钢联合泵站区域的设计权。

在首钢主厂区遗留有大量与制铁工艺相关的工业遗存，例如原有三高炉、冷却塔、热电厂、精煤车间、制粉车间等，这些工业建构承载着大量与生产环节相关的集体记忆，对这些工业遗产实施保护性再利用，转型为博物馆展示空间，则标志着这些工业遗产从工业性向城市性的彻底转变，这其中作为首钢精神图腾的三高炉博物馆是最典型的代表。

在首钢三高炉博物馆，薄宏涛先生向我耐心地介绍了这一项目的规划设计心得。正如 2011 年全国政协教科文卫体委员会调研组在《关于加强首钢工业遗产保护与利用的调研报告》中所指出问题，首钢主厂区遗留下的炼铁高炉在前期规划设计中走过弯路，无论是功能定位还是设计形式，均与工业遗产保护性再利用的要求存在较大差距，甚至对高炉原有结构改变过大，而忽视工业遗产本体的展示。针对这些问题，他们在此次的规划设计中进行了纠正。修改后的规划设计在尽可能保留高炉工业遗存的前提下，运用博物馆原状陈列的方式，展示钢铁高炉的景观魅力。

首钢三高炉本体结构为环绕炼铁炉心，由四梁八柱承托起来80米直径的环形铸铁厂。巨大的圆锥台形罩棚顶标高40多米。高炉最高点为煤气放散检修平台顶，标高为105米。罩棚下首层为运输铁水的火车头和鱼类罐车的通行平面，高炉二层9.7米出铁场平台是炼铁的主要工作面，高炉三层13.6米是参观环桥，此处结合外部引桥为嘉宾参观车行暂停之用。高炉本体内主要利用一层和二层布置博物馆。高炉北侧4座热风炉和热风总管，以及重力除尘器作为主要构筑物被保留。西侧原三层主控室被代之以单层的3座附属建筑，分别为临时展厅、学术报告厅、纪念品销售及配套餐饮处。

在高炉罩棚内的标高13.6米环桥和9.7米环状博物馆，依托高炉围合的半室外空间，为博物馆的各种文化活动的发布和开展提供了弹性空间。2018年11月，奔驰长轴距A级轿车在此举办了中国上市盛典，此举成功吸引了全国车友的目光。

标高40多米的高炉罩棚顶的环形观光区和西向的观光平台，都为登高远眺首钢园区各个方向风景，以及与石景山、永定河隔空对话，提供了极佳的场所。标高72米的原载荷50吨的天车梁一端被置入玻璃栈台，除登高览胜的工业旅游之外，未来此处也必将成为首都最吸引人的空中秀场之一。

首钢三高炉的更新设计，提出核心策略"封存旧、拆除余、织补新"，即谨慎面对工业遗存的动态保护，消除现代城市文化生活的障碍，建构精致多样的人性化生活空间。这便是充满敬畏地挖掘首钢工业遗产馈赠的文化基因，融入城市纹理，激发城市活力。通过三高炉博物馆这一多维度的历史切片集合，通过浸入式的方式带领观众进入到高炉内部，审视特定时代的工业遗存和它所承载的集体记忆，感受曾经峥嵘岁月的时空；通过空间和个体叙事展示，在探究以首钢为代表的中国宏大的城市发展转型之路的同时，也是在用这座建筑向每一位朴素的首钢人真诚致敬，向百年首钢的伟大变革和华丽转身致敬。

三高炉是首钢明星高炉，也是百年首钢发祥地的关键点，保护性再利用项目保留了三高炉主体高炉部分、热风炉、重力除尘器和干法除尘器等核心工业构筑物，最大限度保留了高炉原有结构和外部风貌，对内部空间进行重新梳理，最终形成展示、展览、观景平台、玻璃观景台等不同功能区域。它不再是一座宏大封闭工业园区内，单一生产铁水的钢铁巨构，而是面向城市展开怀抱的积极空间，一座铭记百年历史荣光的工业遗存，一座炼铁工艺的科普平台，一座文化、艺术和科技融合的圣殿。

百年老高炉变身为一座现代化博物馆，它提供了 1.68 万平方米的常设展览、临时展览、学术交流、社会科普、配套餐饮等功能设施，还依托相邻的秀池提供了水面下近 800 多个车位和 2000 多平方米的水下临时展厅。这座拥有厚重工业历史的遗址，将以博物馆的形式继续向世人讲述"首钢故事"，对百年首钢工业印记进行展示和传承。

在中华人民共和国成立 70 周年之际，首钢也迎来百年生日。2019 年 9 月，首钢建厂百年庆典，正式迎来三高炉博物馆的开馆献礼。三高炉博物馆重塑了面向未来的城市空间，打开了纵贯百年的

"从工业性到城市性"的时空之窗。如今，首钢三高炉博物馆成为展示首钢人文化情怀的平台。首钢的百年功勋是由无数平凡的首钢人共同铸就，正是他们的个体记忆聚沙成塔，才构建出独属于这块土地的集体记忆。首钢人对于这块土地炙热的情感由此被倾诉，这是流淌在血脉里、深藏在内心深处的记忆。想了解首钢人这样一个群体，目前最佳方式莫过于走进三高炉博物馆，通过再现铁水奔涌的场景，了解那份过往的豪情和深沉的情感。

首钢三高炉既是全国第一次尝试以炼铁高炉改造文化建筑，又是首钢企业、首钢人的一次精神家园的空间重构。通过高炉生产环节的再现，人们可以回望首钢的百年历史，看到首钢人实业救国、产业报国的创业史诗；看到这里每一寸土地、每一段铁轨和每一间厂房，都记录了我国产业工人的光荣传统和优秀品德，成为北京百年工业发展的历史见证；看到在伟大城市复兴浪潮中的首钢再次领航我国钢铁产业发展的同时，为北京"打造城市复兴新地标"提供优秀范本的情怀。

以三高炉博物馆为代表的首钢园区重工业文化遗存更新同时承担了几种不同的文化物质载体：钢铁企业核心工艺的工业文化代表、工业首钢人的精神家园和面向城市的崭新文化体验。作为昔日首钢园区炼钢工艺的重要环节和承载了首钢人集体记忆的明星高炉，首钢的三高炉博物馆已经将三高炉的价值抽象化，并叠合了现代生活对其保护和再利用的诉求，成为具有强大传播力的文化符号，进而引导和引爆城市级的目的性文化消费。

刘伯英教授：首钢园保护与再利用的步骤与框架

清华大学建筑学院刘伯英教授认为首钢是一个独特的项目，对于工业遗产资源保护与再利用，针对首钢工业遗产资源的分布特征及现状特点，他提出，在研究中应采取"详细普查、准确评价、分类思考、分区整合、统一布局、全面复兴"6个步骤与框架。

第一个步骤是详细普查。工业遗产作为一种特殊的文化资源，它的价值认定、记录和研究首先在于发现。详细普查是发现的基础和保障。面对数量庞大的工业遗产资源，通过详细普查能够及时准确地掌握第一手资料，进而建立起首钢工业区的工业遗产资源清单。

科学认定是准确记录的前提，首先应在充分研究的基础上建立工业遗产资源的价值评估标准，用以认定不同类型的工业遗产。准确记录是深入研究的基础，对首钢工业区的各类不可移动现状遗存需要进行准确勘察、测绘，对各类可移动实体档案应进行系统的发掘整理，并以文字、图纸、照片和录像等形式进行记录。深入研究是科学认定的保证，工业遗产保护需要制订系统的研究计划，以通过对不同区域和不同类型的工业遗产调查，判别工业遗产的保护范围。

首钢工业区现状资源数量巨大，良莠不齐，因此在进行现状资源调查之前，首先需要对调查对象的范围进行界定，界定标准包括以下几个方面。一是建筑物和构筑物本身的风格、样式、材料、结构或特殊构造做法具有建筑史的研究价值；二是建筑物和构筑物及其所在的地段本身具有历史价值和意义，它们往往曾经见证了一个城市乃至一个地区和国家经济发展的历史进程；三是建筑物和构筑物具有特殊的造型、色彩或庞大的体量等，对于城市景观和环境具有视觉等方面的标志性作用；四是建筑物和构筑物在产业发展及工艺流程中占有重要地位或是具有明显的产业特征；五是建造品质较高的建筑，其建筑空间、结构等尚有再利用的潜力。

满足上述任何一条标准的建筑物和构筑物及设施设备，都应通过调查研究的方法，对其现状、历史、技术等各个方面进行综合考察，并编制详细的调查表格。在现场调研的基础上，进行现状资源调研结果的整理和分析，根据建筑功能、结构形式、建筑质量、建设年代、风貌特征等不同的方面进行分类整理，为进一步确定保留及再利用方式打下基础。

第二个步骤是准确评价。在详细普查的基础上，一个重要的工作就是对各个工业遗存的价值进行准确评价，进而提出保护和再利用的名录，有效约束和引导使用单位的建设和改造行为。《中华人民共和国文物保护法》中明确提出，具有历史、艺术、科学价值的文物，受国家保护。这就确定了文物保护价值范畴的基本框架，即历史、艺术、科学3个范畴。

工业遗产的价值是多范畴的。与一般文物不同的是，工业遗产除了它的历史、艺术价值之外，还存在着其自身可改造再利用的经济价值，以及与产业发展紧密联系的文化价值。另外，科学范畴在工业建筑中主要表现为技术价值，因此，结合实际情况，可以将工业遗产的价值划分为历史、文化、艺术、经济、技术五项基本内容。

不过，工业遗产的这5项基本内容都无法具体量化，更难以进行综合比较。因此，我们仅在同一价值体系下对首钢工业遗产的价值进行比较分析。

一是从历史价值角度分析，主要是指在中国黑色冶金发展和北京黑色冶金发展历史上具有一定地位，见证了中国黑色冶金发展和北京黑色冶金发展过程中的重大历史事件，体现了首钢发展历史脉络中的资源。

二是从文化价值角度分析，主要是指反映几代首钢人奋发图强、可歌可泣的动人事迹，以及团结协作的精神和文化内涵，还包括存在于人们记忆中的产业形象、工艺技术、流程工序等。在工业建筑物、构筑物和设施设备上的体现主要是与企业文化、企业精神的紧密联系及员工的情感认同。

三是从艺术价值角度分析，主要是指钢铁工业特征非常明显，具有很强的独特性，在北京可以说是独一无二的资源。这些工业建筑物与构筑物往往有着特殊的造型、色彩和体量，对于城市景观和环境具有强烈的标志性作用，在景观艺术上具有一定价值。因此，应将此类建筑物与构筑物列入保护再利用名录，主要包括高炉、冷却塔、晾水塔、空分塔、煤仓、料仓、熄焦塔、龙门吊、水塔、煤气柜等。

四是从经济价值角度分析，主要是指结构坚固，往往具有大跨度、大空间、高体量的特点。建筑内部空间更具有使用的灵活性。通常建筑的物质寿命总是比其功能寿命长。因此对工业建筑进行改造再利用，比新建可省去主体结构及部分可利用的基础设施所投入的资金，而且建设周期较短，经济效益突出。因此我们可以挖掘原有工业建筑的空间潜力，通过对原有空间的重组或者对其内部空间的功能替换，为其找到新的合理的用途。在首钢主厂区内，工业建筑类型丰富，其中又以超大型厂房为多，再利用的经济价值尤为突出。

五是从技术价值角度分析，主要是指结构力学体系的合理性、独创性和时代先进性，以及几何构型与建筑造型美学的和谐等方面。虽然首钢主厂区以20世纪80年代以后建成的建筑物、构筑物为主，但是经过考察可以发现，实际上，在这里20世纪20年代到现代的各个时代的不同用途的建筑物、构筑物都有遗存，其中不同结构的材料体系和力学体系类型都非常完整，堪称近现代工业建筑结构技术的"博物馆"。特别是首钢工业区拥有不少国内独创的结构类型与技术，例如在高炉建设中首先采用钢管混凝土格构柱。这是当时国内最先进的结构技术，为国家钢管混凝土设计规程编制提供了重要的工程依据。首钢主厂区的建筑物、构筑物具有独特的结构几何构型。结构体系均具有鲜明的时代结构技术特征，并具有时代先进性，充分展示了结构的力学机理，体现了工业建筑美学和结构力学的完美结合。

第三个步骤是分类思考。尽管通过价值评价明确了保护和再利用的名录，然而名录内工业遗产的再利用方式却千差万别，因此有必要从再利用类型的角度进行分类思考，将名录内工业遗产资源再利用类型分为以下几类。一是工业建筑再利用。厂区范围内的大型厂房、办公楼、高炉等建筑可根据具体情况置入新的功能，提供各种公共服务，成为城市的有机组成部分。二是设施设备再利用。各类构筑物、生产设施、生产设备、运输设施、仓储设施等工业构筑物，可以采取与工业建筑类似的手段进行合理利用，也可以作为以展示作用为主体现工业文明成果和工业生产风貌的陈列品。三是人文资源再利用。厂区内的雕塑、标语、口号、地名等物质化的人文资源是工业遗产资源中不可缺少的一部分，可以鲜明而生动地展现时代特色和企业文化，或者在特定环境中起烘托氛围的展示作用，对待这类资源应采取积极保留的态度，使其成为主题公园或文化创意产业区内的亮点。

第四个步骤是分区整合。工业遗产保护包含区域和单体两个层面。其中，区域层面指的是相对工业遗存较为丰富，分布比较集中，并具有一定规模，或作为工业生产的核心工艺的核心区，对于比较完整真实地反映出工业生产某一历史时期的风貌特征的区域进行保护，价值特别突出的可以定为"工业遗产保护区"；单体层面指的是对那些在历史、文化、技术、艺术、经济等某些方面具有一定价值的建筑物和构筑物及设施设备加以保护，对于其中价值比较突出的可以申报成为各级文物保护单位或近现代优秀建筑加以保护。以上两个层面的保护工作相辅相成、密不可分。片面地强调其中的某一个层面都将使工业遗产价值受到伤害。区域性的保护保证了完整体现出工业遗产的整体内涵，而单体建筑物和构筑物的保护则支撑起工业遗产保护区的骨架，并成为其中的亮点。因此在单体层面研究的基础上，还应该在区域层面进行研究和整合。分区整合是保持各区域工业风貌真实性和结构布局完整性的必要手段，主要依据历史发展的脉络、工业遗存的分布及工业景观的特色来进行。

第五个步骤是统一布局。在前面分析的基础上，还需从整个片区的高度进行统一的布局。一方面，因为厂区内部各类资源彼此相对独立，尚未取得良好的相互联系；另一方面，还应将周边城市建设纳入统一思考的体系，采取整体性保留与结构性保留相结合的布局方式。

整体性保留。长安街西延线北部石景山、晾水池、炼铁厂等区域工业遗存最为集中，整体格局保存较为完整，历史脉络清晰，钢铁工业风貌特征也非常明显，因此，对以上区域应进行整体保护。保护原有历史格局和工业风貌特征，确保山水格局及重要保留建筑物和构筑物的标志性。在保护范围内的建设功能应该加以控制和引导，应以主题公园、公共文化设施及旅游服务设施为主，设立各种门类的工业技术博物馆、厂史展示馆、企业纪念馆或专题博物馆等，同时还应强调生态恢复，并可大力开展工业遗产旅游。另外，也可根据实际需要适当引入一些文化创意产业及与首钢相关的展示、办公等功能。

结构性保留。对于长安街西延线以南地区，是20世纪50年代后期首钢扩建以后的发展区域，历史遗存较少，建议进行结构性的保护，保留由铁路线串接的生产流程中的重要建筑物和构筑物及设施设备。在大型工业建筑再利用的同时，保留工业区的肌理，这样既保护了首钢发展脉络的连续性，也保护了生产流程的完整性。结构性保留不强调保留某一完整区域，以保留一些重要个体为主，但是强调保留的系统性，不应仅仅停留在保留孤立的个体上，要突出保留内容的相互联系性和系统性，由生产流程、工业旅游路线、重要绿化及步行系统等来串接。在保留内容再利用的功能上，也应该强调相互联系性和系统性。例如，由生产流程来串接的再利用功能，应以生产工艺展示等为主；由工业旅游路线来串接的再利用功能，应以工业旅游项目和旅游服务设施等为主；由重要绿化及步行系统来串接的再利用功能，应以公共服务设施和休闲服务会所等为主。在保护结构以外的区域，可以建设全新的城市功能和城市形象，而在形式、材料和尺度上寻找同工业相似的气氛和手法。

第六个步骤是全面复兴。安全健康的环境是加强生态恢复与管理、保障环境安全健康的工业遗产资源再利用的前提，而安全健康的环境建设要依赖生态恢复的技术手段。实现生态条件的改善必须从宏观角度统一规划，从而使工厂停产转型的每一个步骤都成为生态恢复建设的台阶。

塑造城市新形象

    2020 年 10 月 8 日，距离上一次到首钢拍摄已经过去了 9 个月，这期间发生了新冠肺炎疫情。《我是规划师》节目组再次来到首钢，希望深入了解转型发展的实践。进入厂区我们首先来到了首钢极限公园，这一区域是在原用于火车卸料的"翻车机"基座平台的基础上改造而成。我看到有不少年轻人正在兴致勃勃地进行极限运动训练，包括滑板、滑轮、攀岩等项目，而首钢极限公园的上方就是不断驶过的轨道交通，十分具有动感。我和一位玩滑板的小伙子攀谈起来，小伙子从事这项运动已经 10 年了，对于能在首钢工业遗产园区内开展所喜爱的运动项目，他兴奋地表示首钢极限公园是非常理想的环境，"真是太棒了"。

新在何处：新功能，新地标

目前，国内旧工业区改造更新模式主要有 3 种：产权方改建运营、运营方改建运营、产权方与外部机构合资改建运营。首钢园区选择了第一种模式，由首钢集团承担项目改造的出资方与运营方两个角色。选择这种模式的原因，一方面在于首钢集团具有较强的资金筹措能力和资源整合能力；另一方面在于这种模式可以使首钢园区更好地实现保护前提下的再利用，有利于传承文化和历史。2017 年 11 月，《新首钢高端产业综合服务区北区详细规划》（首钢园区北区）获北京市规划和国土资源管理委员会正式批复。

作为中华人民共和国成立后重要的工业样板，首钢园区不但集聚了筒仓、料仓、高炉等工业设施，形成大量的工业建构筑物，还有文物、水域、山体、道路、铁路、管廊等各类资源。园区的特点在于设施关联度强、覆盖面积广和布局分散性强。显然，由首钢自己来改建运营，可以更好地传承和再利用。"打造新时代首都城市复兴新地标"的首钢园区，也被列为首钢集团主要新型业务之一。不过，首钢园区还需要对工业建筑植入新功能，才能产生经济效益。

首钢全面停产之初，厂区里安静极了。但是在 2011 年夏天，29 集大型纪实性电视连续剧《国家命运》剧组找上门来。这部讲述"两弹一星"的作品，需要拍摄 20 世纪六七十年代的工业厂房。选景小组在厂区内转了个遍，当天就看中了原运输部的大修车间、原高速线材厂食堂外的空场，以及厂区内的制高点石景山。从此以后，一幕幕

"光影的故事"在此一次次上演。近年来，已有数十个影视剧组进入首钢工业建筑群，越来越多的影视作品在首钢老厂区里取景拍摄，厂房、车间、食堂、剧场、宿舍、办公楼、综合楼……都成了影视导演眼中独特的文化资源。

首钢工业遗址资源包括 1919 年到 2000 年之后的建筑，时间上跨越了一个世纪。最常被影视剧组利用的型材厂、中板厂、高速线材厂、动力厂、焦化厂、氧气厂，都有高大厂房。这些厂房面积从 1000 平方米到 3 万平方米不等，有的厂房高度达 30 米，既方便剧组直接取景，也方便剧组在其中自行搭建布景。首钢老厂区的名声很快在影视、音乐、广告圈子里传开了，经常有数个摄制组同时进驻拍摄。曾经的北京"工业记忆"，如今在一个又一个艺术作品中"复活"。

现在，昔日老厂区已通过"新品首发""技术首创""影视首映""风采首秀"等形式，一跃成为国际新品首发地。园区还可利用工业遗存空间，迎接一批具有国际影响力的文化节庆和赛事活动。不过，鉴于首钢主厂区搬迁改造和转型发展占地规模大、实施周期长，实践中还需要妥善处理好改造发展的整体性与灵活性。既要重视在较长的改造实施进程中保持整个地区长期发展的整体性，确保总体发展目标的实现，又要重视在近期的具体建设中，保持实施操作的灵活性，在确保总体发展目标不变的前提下，适应可能出现的各种变化。

走在首钢园区，最引人瞩目的是正在修复的沧桑斑驳的老厂房。那里高炉巍峨，脚手架纵横，安全网密布，塔吊伸着长臂传送着建筑材料，工人们正在繁忙施工，对建筑物的外立面进行除锈防腐作业，开展外观修复。在保留工业风格的同时，改造内部加层，各项保护性再利用工程都在有条不紊地推进。

在拍摄现场，同行的鞠鹏艳工程师问我，首钢作为老工业园区如何实现合理转型。事实上，发展新的使用功能，实现工业遗产高效合理的再利用，就是成功地使工业遗存起死回生的过程。工业遗存作为工业设施的"死亡"是由生产活动的停止造成的，工业遗存作为新的城市功能体的"再生"，则是得益于工业遗产旅游、文化创意产业等新的活动的兴起。当前，根据首钢主厂区特定的总体布局和工业建筑空间结构，我认为可以考虑开展以下几类活动。

一是工业遗产旅游。首钢主厂区庞大的工业建筑群，雄伟的炼铁高炉，丰富的工业景观类型，为首钢成为吸引人的工业遗产旅游胜地提供了雄厚的基础。可加强生态恢复和景观环境的塑造，大力发展工业遗产旅游项目及其相关的服务设施，建设成为面向公众、充满活力且特色鲜明的文化旅游景区。

二是文化艺术活动。首钢主厂区内各种错综复杂而又井然有序的工业设备和生产设施形成了独特的空间构成形态，极富艺术感染力，在这样的空间环境中无疑会激发艺术创造的灵感，还可以在其中加入公共文化设施，例如工业博览馆、科技馆、钢铁博物馆等，丰富其功能内涵，经过改造的首钢主厂区非常适合开展公共艺术文化活动。

三是大众休闲活动。首钢主厂区内有极富特色的历史文化名胜、独具魅力的园林绿地和丰富有趣的众多场所，已经具备了为市民提供休闲娱乐的巨大潜力，还可以开展场地探险与旅游等特色活动，将工业遗产转化为城市休憩开敞空间，形成以工业文明为主题的城市公园，丰富市民的生活。

四是探险极限运动。首钢主厂区内体积巨大的料仓、烟囱等设施，稍加改造就可以成为攀岩运动的场地，蓄水池、煤气柜等设施可以改造成为潜水运动的场地，空旷开阔的厂房适宜开展极限运动，对场地要求不高的各种轮滑运动在这里也可以找到最合适的前卫气氛。首钢主厂区完全可以成为一个极限运动的乐园。

另外，首钢工业区内有不同时期铁路线纵横交错的文化遗迹参观点。最早的铁路线为1936年建设的单轨铁路，运输之用的铁路建于日本侵略者占领时期，同时铁路线布局有所规划。中华人民共和国成立后至今虽然铁轨的规格和数量发生了根本性的变化，但是首钢工业区内铁轨路线的布局和走向基本没有大的变动，只是在随着厂区范围的扩大不断延伸。铁路线也是串联首钢发展的重要脉络。

逐一渐进：首钢工业遗产分级

工业遗产资源的利用要建立在保护的基础上。除了明确保护的范围之外，还应该对保护的级别加以区别。从国外的经验来看，不同的保护对象可以有不同的保护要求。有的要求原封不动的保护；有的在保护中予以适当的改造，使之能适当地再使用。首钢主厂区对北京来讲，是近现代工业化过程的见证。有些工业遗存如果具有一定的历史文化价值，就应该严格实施保护。如果建筑艺术的价值很高，保护建筑的外观就具有景观意义。而对于一般的厂房，利用建筑结构结合新的使用功能，也是具有再利用价值的。

根据首钢工业遗产的历史价值、文化价值、艺术价值、经济价值和技术价值5个方面的分析，可以确立首钢主厂区内工业遗产保护与再利用分级的界定原则：一是从历史和文化价值出发，建筑物、构筑物为历史事件的发生场所，或曾经见证了一个城市乃至一个地区和国家的某个行业的发展历程，意义尤为重大，对其保护与再利用应以整体保留为主。二是从建筑形态分析，部分风貌较好，钢铁工业特征非常明显的建筑物、构筑物对首钢工业遗产保护区的整体环境具有重要作用，对其保护与再利用也应以整体保留为主。三是从技术经济价值角度考虑，大部分厂房、仓储等建筑结构可塑性强，承载力高。考虑利用现有结构，对其进行改造再利用是比较理性的方式。另外，一些构筑物如料仓、水塔等，本身的风格、样式、材料、结构形式或构造做法具有保留的价值。可以对此类建筑物、构筑物采用保护结构，以功能更新的做法进行保留。

以上述原则为基础，通过逐一分析，对首钢主厂区内的工业遗产提出不同的保护与再利用的级别。一是强制保留。即不得拆除，保留建筑原状，包括结构和式样，可以进行修缮，也可以置换建筑功能，对于建筑物和地点具有特殊意义的构筑还应原址保留。二是建议保留。即符合认定标准且具有保留价值，应尽可能保留建筑结构和式样的主要特征，包括结构、式样、设施和构件等，建筑功能可以置换，还可以对建筑物和构筑物进行加层和立面改造。三是可以保留。根据未来需要可以进行拆除或改建。

通过对首钢主厂区的建筑物、构筑物和设施设备逐一进行现场勘查、资料收集和整理分析，可确立首钢主厂区保护与再利用的层次，提出关于工业遗产保护区范围和单体建筑物、构筑物保护与再利用名录的初步构想，并对保护与再利用的分级，以及工业遗产再利用的方式进行探讨。随着研究的深入和首钢生产功能的逐步迁出，进一步落实首钢工业遗产保护区的保护规划，落实作为工业遗产完整构成的保护建筑物、构筑物、设施设备的正式认证，通过法制化的手段，使保护措施落到实处，最终使首钢主厂区真正成为有文化、有历史、有内涵、有特色的城市公共空间，继续发挥首钢在首都建设中的先锋和示范作用。

建立一个整体性的远期目标，在实施规划过程中则逐一进行。对于条件成熟的部分优先实施，不能急功近利，更不能片面地为市场行为所左右；对于条件不成熟或者发展思路还不清晰的部分，先做好保护措施，待条件成熟或有了清晰的思路后再实施。对于与长远发展目标密切相关而市场支持度不够的公共服务项目，可以寻求政府和各种社会力量的支持，一旦项目付诸实施，就会带来持续的推动作用，促使新的机会出现。通过整体性的远期目标与务实的实施步骤，将新首钢地区营建成工业遗产保护利用的示范区。

鲜明特色：聚焦三大产业

目前，首钢园区主要聚焦于三大细分产业：冬奥引领、科技赋能的"体育+"产业；人工智能与制造业深度融合的数字智能产业；以数字传媒、互动娱乐为代表的创意产业。"体育+"产业，围绕体育产业的办公和消费，满足企业办公区和体验式消费需求。数字智能和创意产业，以金安桥区域为主，有5万多平方米办公空间，2万多平方米商业配套，包括极限公园、设计师广场、电竞科幻产业启动区、沉浸式数字媒体体验区、数字智能孵化区，主要发展电竞、科幻及文创产业等。为此，首钢园区规划建设工业遗址公园、公共服务配套区、城市织补创新工场等片区。

工业遗址公园位于北区中部，以工业流程的主要遗存和绿化空间为主题，挖掘高炉、干法除尘等工业主流程遗存价值，建筑规模8万多平方米。对于不同地段的文化遗产，采取不同的保护与利用方式：对于首钢主厂区中部的早期工业遗产，作为体现首钢工业遗产价值的核心区域；对于工业遗产本体和环境所进行的整体保护与展示，体现出首钢工业遗产震撼人心的规模和雄伟壮观的气魄，从而成为独具特色的工业遗产公园。金安桥区域和工业文化休闲体验区，依托高炉、焦炉、转运站等工业遗存建筑进行改造。结合长1.9千米、宽120～300米的区域绿轴景观，以绿色生态城市风貌为导向，在其工业素颜值基础上形成高绿颜值的城市更新范例，传承京西百年历史独有的"铁色记忆"城市风貌。

公共服务配套区定位于"一带一路"服务、研发创新平台、人才公寓等城市服务功能。主要包括国际人才社区，48.7 万平方米办公空间，4.9 万平方米商业配套，9.7 万平方米高端公寓，完善整体规划功能职住平衡，提供宜居宜业的优质社区，这既为整个园区的功能混合度提升做出贡献，也为老旧工业遗存改造居住类型的突破做出了有益的尝试。同时，积极对接国家"千人计划"和北京市"海聚工程"等各类人才计划，努力争取为京西人才高地"筑巢引凤"的机会。对于首钢主厂区南部现代工业厂房建筑，可以利用其高大的厂房建筑，对内部进行合理改造，建设中国工业博物馆，填补我国博物馆体系空白。一些高大厂房也可以利用改造为其他类型的博物馆、美术馆、创意产业园区等文化设施，吸引各类文化机构入驻，并有利于解决职工就业。

城市织补创新工场定位于产业金融和数字智能企业的总部发展空间载体，规划建筑面积约 61 万平方米。设计运用"城市织补"理念，保留部分厂房排架柱等工业文明标志性、纪念性构件，以新旧材料对比、新旧空间对比延续首钢"素颜值"工业之美，同时利用临长安街位置优势，高起点遴选支撑首都科技创新中心、文化中心、国际交往中心的高端产业及业态，实现研发创新平台、企业办公、人才公寓等公共服务有机组合的城市功能。结合工业遗存改造为国家级实验室及人工智能制造等企业提供空间载体，塑造新旧结合的高科技创新城市产业集聚群落，实现高新科技、现代金融、文化娱乐三大产业群与数字化的融合。其中，包括虚拟现实博物馆、世界顶级艺术互动光影秀、世界顶级艺术作品展览展示，以及 VR 体验区、智能潮流赛事电竞馆、特色商品区、未来光影互动餐厅、智选假日酒店、全民畅读艺术书店等。

相依相托：首钢与北京城

首钢的停产、搬迁与变身，同时也对接着北京对城市功能定位的再认识。今天的北京，城市发展模式已深刻变革，减量发展、绿色发展、创新发展也成为首钢追求高质量发展的鲜明特征，因而"建设一个什么样的首钢，怎样建设首钢"的路径越发清晰。为此，北京规划建设中国著名现代钢铁工业文化园、首都休闲娱乐中心区（CRD）核心功能单元、京西绿色生态屏障三大功能区。与首钢在功能上相互依托，在资源利用上交叉共享。

在"中国著名现代钢铁工业文化园"方面，首钢的发展史一定程度上代表着我国民族工业发展的历史，"首钢风貌"是极具个性的文化资源。厂区内耸立的高炉、转炉、冷却塔、烟囱，以及"鱼雷罐"、轧机、控制室与其他大量工业建筑和设施，构成了外界难得一见的、充满新鲜感的钢铁生产景观，而花园式的厂区建设又使整个厂区增添了独特魅力。首钢人具有中国工人阶级的光荣传统、优良作风。特别是改革开放以来，我国现代钢铁生产发展的历史，展示了首钢人所创造的辉煌业绩、做出的巨大贡献、总结的成功经验、进行的积极探索。通过参观首钢主厂区完整的钢铁冶炼生产工艺流程，以及厂房、设备、技术及配套设施等，可以向人们普及现代钢铁工业生产科学知识，这些也都是重要的主题教育资源。

在"首都休闲娱乐中心区（CRD）核心功能单元"方面，首钢工业旧址发展旅游业的基础扎实、条件优越、大环境良好，CRD建设和首钢转型发展，更为首钢旅游"升级上档"提供了良机。因此，将首钢主厂区所开展的工业旅游品牌，逐渐由"钢铁是怎样炼成的"拓展为"现代钢铁文化之旅"，使现代钢铁企业工业游的独特魅力日益显现。在首钢展览馆，展出内容上完整记述首钢由小变大、由弱变强的发展轨迹，除展示企业发展史外，展览馆还举办不定期的专题展览，具有旅游观赏价值。在首钢主厂区，有厂房、大型工业设备、铁路、公路；有自然景观，有山有水，还有反映首钢历史的一些文物资料，如清朝末年的电机、早期的蒸汽机车等，这些都是十分珍贵的文化旅游资源。

在"京西绿色生态屏障"方面，经过长期的环境整治和绿化建设，厂区内先后建成多处颇具观赏价值的景点。首钢月季园占地约7万平方米，种植有400多个品种、十几万株月季，是北京为数不多的月季主题园。主厂区中部的群明湖原是首钢发电厂和焦化厂等的晾水池，终年不结冰，是一处有着钢铁工业特征的自然景观。如今群明湖巧用高炉循环水，水质清澈、滨水建筑古韵浓郁、水禽荷花相互映衬，体现出鲜明的环境友好理念。整个厂区内共有20多处大型绿地和绿化带，松林公园占地约17万平方米。这些诠释了"花中有厂、厂中有花，花在厂中、厂在花中"的真实含义。除大面积绿地外，音乐喷泉广场、彩灯、大型雕塑，共同构成了良好的文化与艺术氛围。这些使首钢主厂区未来成为"水泥丛林"中的一片城市绿洲，喧闹都市中的一片文化净土。

在《新首钢高端产业综合服务区规划》中还明确，未来新首钢规划总用地约为8.63平方千米，总建筑规模约1060万平方米，整个高端产业综合服务区呈现"L"形，从西北往东南依次是工业主题园、文化创意产业园、综合服务中心区、总部经济区和综合配套区。规划中将首钢主厂区内的单体性工业遗存分为强制保留和建议保留项目两种类型，其中强制保留物有36种，建议保留物有45种。最能表现"首钢"身份的4座高炉将被全部强制保留。

在规划解除其工业用地性质之后，首钢工业区应该谨慎地考虑其今后的发展，而这需要结合城市总体发展来定位其用地性质，考虑在功能置换后如何将原本独立分散的工业遗产建筑物、构筑物更好地串联起来，并融入城市公共空间内。保护好北京不同发展阶段有价值的历史遗存，才能给后人留下相对完整的城市发展轨迹；保护好先人历史文化遗产的同时，给后人留下当代北京风貌，同样是当代义不容辞的责任。首钢工业遗产资源的保护，不仅仅是经济资源、旅游资源的保护问题，而且关系到城市历史与文脉的传承与弘扬。

例如，面对区域发展的激烈竞争，北京提出建设创新型城市、走创新发展的道路。而首钢主厂区改造在区域发展的背景下，面临一系列复杂问题，走综合创新之路也是必然的选择。传统重工业区的发展与城市的关系十分密切，特大型重工业区的改造更是在世界范围内引人关注的一项课题，因为新兴产业、创新性文化活动、新技术、城市空间布局变化等往往随之而产生。首钢在一定区域的空间会留下深刻的印记，工业区改造往往牵扯的不仅是工业用地本身，梳理与解决问题也必须立足于区域范围寻找综合对策与突破点。

首钢与北京城相依托的规划实施中，还要探索对工业文明轴线两侧的构筑物进行合理利用的可行性研究。例如，最具代表性的高炉可以改建为攀登望远的游乐设施，距离高炉不远的水渣池可以改建成趣味游泳池，在高炉林立的工业气氛中形成一片后工业的浪漫之地，与高炉群一起构成工业文明景观轴线上的亮点；3个并排的浓缩池可以改建为广场水池，同时在视线上与冷却塔呼应；四高炉的形态最为完整，因此有观赏的价值；龙门吊作为一种高架的工业设备可完整保留与高炉形成对比。

此外，将锈迹斑斑的工业构筑物原样保留在路边，那么它最终会成为一种静态的风景，吸引人驻足观看，同时也会吸引更多的人来参与活动。通过合理利用工业遗产，传承区域历史文脉、延续区域文化特色、塑造区域独特形象，赋予场所地域人文特色。例如首钢工舍精品酒店，原是厂区内的空压机站、返矿仓与电磁站，它的改造规划设计从楼阁、屋檐等中国传统建筑语言的运用，到起承转合的空间感受，体现出对工业遗址的尊重和首钢历史记忆的延续，在提倡文化传承的同时，也表现出中国式的创新精神。

首钢是北京最大的传统重工业区，其搬迁是国内最大规模的产业结构调整行动，面临着一系列的复杂问题。国际上传统重工业区的改造经验说明，解决问题没有简便易行的途径，只有保持足够的耐心才能保证长期实施合理的发展战略。并且，正确分析大型传统重工业区改造与城市发展的关系是制定综合发展战略的前提。正是由于大型传统重工业区和城市发展存在方方面面紧密复杂的联系，所以当这个区域的核心功能从城市内部向外转移的时候，对城市的发展变化也会产生促进作用。尤其是北京城市正处于快速发展的历史机遇期，空间、经济、社会、文化、机制等方面都在酝酿着变化更新，首钢搬迁改造对城市发展变化的影响会更加明显。

冬奥注入新文魂

2020 年 10 月 9 日,《我是规划师》节目组一行访问了北京 2022 年冬奥会和冬残奥会组织委员会(简称"北京冬奥组委")。

携手共进:首钢与奥运牵手

2015 年 7 月 31 日,国际奥委会第 128 次全体会议在吉隆坡举行,投票选举 2022 年冬奥会主办城市。在 85 位奥委会委员的投票选举下,北京市成为第 24 届冬奥会的主办城市。习近平总书记指出,"体育强中国强""冰雪运动难度大、要求高、观赏性强,很能点燃人的激情",并强调"提高我国冬季运动竞技水平,要及早谋划、持续推进"。2018 年 9 月 5 日，国家体育总局公布《"带动三亿人参与冰雪运动"实施纲要（2018—2022 年）》。2015 年 12 月，北京冬奥组委正式成立，之后宣布落户首钢，为京西十里钢城的凤凰涅槃注入了核心品牌，这样的国家级大事件也成为老工业园区更新的重要推手。

2016 年 5 月，北京冬奥组委入驻首钢。2017 年 2 月，国家体育总局与首钢总公司签署《关于备战 2022 年冬季奥运会和建设国家体育产业示范区合作框架协议》，全面推进首钢园区"体育 +"模式的业态活化进程。2018 年，首钢正式成为北京 2022 年冬奥会和冬残奥会官方合作伙伴，跻身北京冬奥会最高级别赞助商。奥运会的超强 IP（网络意指知识产权等）提振了城市传统地缘认知地图中该区域的影响力，助推了首钢转型改造进入全面加速的快车道。从火花四溢的炼钢厂到冬奥项目入驻，首钢的转型发展也奏响了新的"冰与火之歌"。

首钢早在筹办 2008 年夏季奥运会期间，即兑现承诺，积极进行产业调整，安全压产 400 万吨，同时努力奉献奥运会，高质量制作奥运会主火炬塔，为奥运会成功举办做出了重要贡献。此次冬奥组委办公园区又落户首钢，不仅反映出首钢在两届奥运会周期中的兴荣交替，还清晰地映射出工业遗产保护和利用这一崭新的城市发展范式，在时代召唤下不可阻挡的发展态势，使这片一个世纪以来始终作为工业用地的神秘面纱得以进一步揭开。

目前，首钢园区的体育产业以北京 2022 年冬奥会为主，不过冬奥板块在园区的占地规模不大，处在北区约 10% 的比例。依托冬奥会的机遇，目前带动入驻园区项目主要有：首钢智慧通信枢纽、冬奥会云转播中心、冬奥会保税仓库、冬奥会赞助商等。依托原自备电厂冷却塔加建的单板滑雪大跳台，将成为 2022 年北京冬奥会滑雪大跳台项目的比赛场地。在滑雪大跳台南侧是原氧气厂区域，包括 5.6 万平方米独栋办公空间、包含 1.7 万平方米演播厅的商业配套，在冬奥会期间将提供冬奥会的配套服务，目前已入驻腾讯的平台与内容相关部门等。同时，香格里拉酒店项目，利用老厂区自备电厂主厂房等建筑进行改造，项目建成并投入运营后，将成为北京2022 年冬奥会官方接待饭店之一，为首钢园区的赛事接待提供高品质的服务保障。

为什么冬奥会与首钢结缘？看似偶然性的背后，有着必然性的因素。近年来，中国城市不断通过大型活动来推动城市发展进程，例如，2008 年北京夏季奥林匹克运动会、2010 年上海世界博览会、2010 年广州亚运会、2014 年南京青年奥林匹克运动会、2016 年杭州二十国（G20）集团领导人峰会、2018 年上合组织青岛峰会、2018 年上海中国国际进口博览会等先后在我国举办，都有效推进了所在城市的整体面貌和服务水平。

这一系列大型活动中，2010 年上海世界博览会以精确的规划定位，成功通过世博会的重大助力，引领了黄浦江滨江岸线传统重工业的产业转移，为该区域的城市更新进程提供了强大动力，也成了中国国内通过大型国际活动推动城市更新和保护工业遗产的最佳案例。因此，冬奥组委办公园区落户首钢，有利于全面推动首钢工业园区城市更新进程，塑造一个国家级的城市更新典范。首钢园区的浓郁工业风貌，对于首钢员工来说是集体记忆和场所认同，对于广大民众而言是京西工业大院中充满神秘感的区域转型，对于到访的外国友人来说也将是一种与欧洲后工业时代重工业遗存保护与更新产生共鸣的场所。

在总体规划明确提出城市土地不再增量发展的大背景下，首钢园区作为京西地区最大的可整体发展用地，随着冬奥会这一强大 IP 的注入，高体验度运动主题及相关研发，以及先进制造业研发中心、汇聚国际人才的社区等一系列崭新业态纷纷导入。第一个实施落地的项目是西十冬奥广场，是首钢北区乃至整体园区功能定位的核心项目。总面积近 8 万平方米的冬奥组委办公园区将汇集冬奥组委各个部门的办公、会议职能，以及包含了就餐、休闲及临时性住宿功能，它也成了北京市政府支持首钢转型积极导入的核心。随着冬奥组委办公园区、国家体育总局冬季训练中心和冬奥会大跳台等项目的落地，从曝光率、美誉度和体验性等方面，极大改变了首钢区域的城市习惯性地缘认知，奥运 IP 的文化符号效应使首钢主厂区转型发展得以积极推进。

留建并举："忠实保留"与"谨慎加建"

　　作为首钢园区北区启动的先导项目，首钢冬奥广场的落地具有标志性意义。承担这一项目的是我们熟悉的薄宏涛设计团队。他们在接手首钢北区创意园区项目设计的过程中得到了"冬奥组委要来了"的通知。

　　在绿色奥运、节俭奥运理念的指导下，奥组委在永定河畔石景山东麓、阜石路以南，选择了首钢主厂区西北角的西十筒仓片区建设奥组委办公园区，其基地得名于地块北侧的原京奉铁路西十货运支线，这一选址环境特殊，冬奥广场基地南侧的秀池和西侧的石景山山体及永定河生态绿廊，为项目带来了绝佳的外部山水自然环境。可以说，这里既是首钢在一个世纪前的建设起点，又是首钢在一个世纪后的新发展起点。

　　奥组委办公园区进驻，虽然对于西十筒仓项目来说是重大利好，但是对于薄宏涛设计团队来说却有些尴尬，因为曾经考虑的"西十筒仓创意园区"和未来的"奥组委办公园区"不可同日而语。设计定位也就要发生很大变化，完全陌生的奥组委规划设计部提出的是"国际化、工业范、中国风"设计要求，而与之对应的则是基地内部密集布局的筒仓、料仓、供料通廊、转运站及供水泵站等10个工业遗存。这里是园区1号、3号炼铁高炉炼铁工艺的复杂巨系统中的重要组成部分。虽然薄宏涛设计团队是中标单位，但是原设计方案需要进行大幅调整，需要借由奥运会的强大助推，将这一区域改造为集办公、会议、展示和配套休闲于一体的综合园区。

修改后的设计方案，提出了"忠实保留"和"谨慎加建"的理念，将曾经消隐的混凝土框架尽量保留外露，通过"服务空间＋被服务空间"的功能提升思路，将所有新增电梯垂直交通系统在转运站平面体系外挂，既不破坏原有结构，又便于施工组织。同时，设计通过"织补""链接"和"缝合"的手法，重新以"人"作为本体，梳理了原有巨大尺度工业遗存的空间尺度关系。通过一系列中小尺度体量功能单元的插建和加建，把原有基地内散落的工业建筑物、构筑物细腻地"缝合"了起来。同时，改变了原工艺导向下建立的空间布局，巧妙转化为景色宜人、充满活力的符合人性化尺度，适合办公、休憩的不规则五边形办公院落。

如此设计正是希望以"院"的形式语言，回归东方最本真的关于"聚"的生活态度。作为老北京最充满人情味的一种居住和工作的空间模式，"院落"的气质是摆脱了工业喧嚣之后的宁静和祥和，体现了后工业时代对人性的尊重，也是花园式办公场所必需的特质。设计同时强调人与自然对话，积极融入城市，尽可能消除阻隔。基地西侧石景山和南侧秀池水体使项目在拥有强烈工业感的同时，更好地体现了人与自然的对话；另外，设计在150米长的原有联合泵站构筑物改造中，打破"封闭大墙"，植入开放式景观廊道、主入口通廊和公共空间，让园区内外景观也可以积极对话。基地内15棵被定点保留的大树，也成了向园区内部渗透的绿色桥梁。

此外，设计团队还为园区设置了一条穿行于建筑之间和屋面的

"室外楼梯＋栈桥"的步行系统，这为整个建筑群在保持工业遗存真实性的同时，叠加了园林化特质。整组建筑就是一个立体的工业园林，步移景异间传递出一种中国特有的空间动态阅读方式。设计师希望在后奥运时代，这组建筑在面向社会办公需求时提供空间弹性，能为未来更多的创智型企业提供足够的可行性。联合泵站西侧的原锅炉房小水塔是设计踏勘时建议保留的一座小构筑物，在此处精致而出彩。水塔一楼的半开敞环形吧台，让它成为展厅的有机组成部分，二楼开出的 4 个窗洞则分别向 4 个方位指向功碑阁、三高炉、秀池和天车广场，形成独具魅力的框景，被称为"首钢之眼"，通过它们可以以一种独特的切口方式一窥首钢园区的重要工业景致。

修改后的方案获得了奥组委和首钢集团领导的一致认可，也树立起筑境设计在首钢园区工业遗存更新实践中的专业信誉。通过开展工业遗产保护性再利用设计可以得到一些体会。首先，要承认在工业革命中推动人类生产效率提升的工业建筑物、构筑物，除了具有生产职能，也具有较强的人文、历史和社会价值。其次，在获取规划指标和设计任务书的同时，更重要的是秉持对工业遗产足够的敬畏心，要详尽掌握原有图纸、充分踏勘现状、了解工艺流程、进行精细测绘和准确鉴定结构，在这些条件的支撑下，才可以较为客观和专业地评价和制定工业遗存的拆改原则。"可以说，一个不了解工艺、不熟悉基地的设计师是没有资格面对一片工业遗存开展'纸上设计'的"，薄宏涛先生强调。

对于工业遗存更新项目而言，不了解工艺、不了解现状、不了解历史，不能将这些信息了然于胸，就没有资格真正做好所面对的更新设计。作为炼铁工艺集大成的高炉，是钢铁厂中垂直体量最大、最具视觉标识意义的工业巨构，了解它的工艺成为开展设计的关键。薄宏涛设计团队的设计就从读懂首钢保留的两万多张图纸开始，同时反复向北京首钢设计院设计人员讨教，并在高炉上的一次次攀爬踏勘开始。自 2017 年 8 月起，国际奥委会主席巴赫多次高度赞扬首钢园区更新项目，称其为"伟大的奇迹"。

薄宏涛先生感言，首钢的转型发展是当下中国最具特征性的重工业遗存保护更新案例，规划设计应区别于过去常见的遗址公园的"静态保护"模式，工业遗址公园应以更加积极的"动态更新"，在有效利用旧有工业遗存进行物理空间更新的同时，积极导入升级产业，全面兑现从工业性到城市性的积极转变。这样的更新姿态不但让园区破除封闭性积极融入城市空间肌理，更努力落地升级产业，助推乃至引领城市区域的全面产业及活力提升，加快城市可持续发展进程，这是历史的召唤，也是当代的责任。

通过深入参与首钢项目规划设计，薄宏涛先生感到自己已经转换了身份，也成了一个"首钢人"，站在百年历史的焦点去创造新的历史，高炉也成为他心中的一种真切的精神寄托。沉寂的园区正凤凰涅槃，焕发新生，历史还在书写中，而这几年与首钢一同走过更新历程，作为这个伟大城市复兴进程中的一个亲历者，他感到格外自豪。曾经的辉煌已载入史册，新的百年画卷正在徐徐展开。如今，首钢主厂区是新首钢协作发展区的核心区，分为北、南、东南 3 个区域，整体空间结构为"一轴、两带、五区"①。

转型蝶变："十里钢城"奏响了"冰与火之歌"

钢铁生产停止了，钢铁精神却没有止步，首钢走上了绿色转型、创新发展之路。这片国家体育产业示范区，是冬奥会进驻首钢主厂区所产生的产业转型的缩影，是工业遗存和体育产业的巧妙融合。首钢园区北的滑雪大跳台，在北京冬奥会后将成为世界首例永久保留和使用的滑雪大跳台。从钢花四溅、钢水奔流的炼钢厂，到造冰制冷、寒气四溢的冬季训练中心，转型发展的新首钢奏响了动人的"冰与火之歌"。一度沉寂的"十里钢城"变身充满活力的首钢园区，正在努力建设具有全球示范意义的新时代首都城市复兴新地标。

在国际奥委会主席巴赫的眼中，首钢园区成为一个"令人惊艳"的城市规划和更新的范例。如今徜徉在首钢园区，高炉矗立但不见烟尘滚滚，厂房依旧却不见机器隆隆。工业遗存和现代元素，在园区内完美融合，饱含铁色记忆的工业建筑，变身充满奇思妙想的现代创意空间。在首钢园区内建起"冰雪新世界"，冰壶、花样滑冰、短道速

---

① "一轴、两带、五区"："一轴"为长安街城市轴线；"两带"为永定河生态带、后工业景观休闲带；"五区"为冬奥广场区、国际交流展示区、科技创新区、综合服务配套区和战略留白区。

滑 3 个训练场馆均已投入使用，这 3 块冰面将来是面向公众提供社会培训的场地；同时，在精煤车间北侧会建设一座冰球训练馆。这 4 座训练场馆不仅依山傍水，还有铭刻时代印记的首钢特色景观围绕四周。除此之外，在未来这片区域还将实现工业资源活化利用，成为冰雪体育休闲设施，承接体育科技、体育传媒、体育创意等业态。

这是首钢转型发展的新起点。这个起点的成功，就在于找到了转型发展的内生动力和激活点，培育首钢企业转型的自主创新能力。通过冬季奥运会的重大项目激发工业场地活力，带动冬奥片区、创新工场和"海聚人才"服务区的发展。而且首钢主厂区的转型也带动了首钢从传统钢铁产业向城市综合服务产业转型。围绕文化复兴、产业复兴、生态复兴、活力复兴，保护利用工业遗存，统筹做好区域生态重塑、文化挖掘，形成山水相连、工业遗存和冬奥元素共生的城市风貌，成为展现工业之美、冬奥之美的体育产业示范区。

总之，首钢地区发展问题的综合性与复杂性，将促使该地区在社会经济复兴的同时，成为未来北京城市发展的综合创新之地。冬季奥运会的运动概念帮助首钢打开了运动关联产业的多扇窗口，并提供了保障活力的混合功能社区。为了支持举办北京冬季奥运会和首钢实现转型发展，2018 年 5 月 29 日，在对首钢主厂区调研期间，故宫博物院与冬奥组委也达成了合作协议，将在奥运会大家庭成员访问接待、文物藏品展示、文化创意产品研发、设立故宫冬奥会纪念品专卖店，以及授权开展专项文化宣传等方面全面合作。

如今走进首钢园区，看见的还是那一座座 30 多米高的钢筋混凝土筒仓，还是那 2500 立方米的钢铁高炉巨人，还是那运煤列车可以轻松开进去的 300 米长的精煤车间大厂房，但是如今它们讲述的已经不再是钢铁的故事。在首钢工业遗产的保护过程中，如何能结合城市发展的理想，更深入地连接人们现实的生活，把这块原本的灰色变成五彩斑斓的色彩，这是我每一次探访首钢最关注，也是最好奇的一点。

梦想成真：首钢人"心中的家园"

首钢工业遗产园区内的建筑呈现着各种各样的空间形态，例如圆形的、方形的、锥形的等，今天是不是所有的这些工业遗产建筑空间都能够适应现在人们的生活需求，除了办公空间，它们还可以呈现出多种可能性。首钢园区北七筒办公区中的北四号筒仓，原来是首钢大炼钢铁时期的一个下料仓，具有 28 米的纵深，仓体上至今留着"首钢建设三公司建 一九九二年四月"的标记，对于这种工业时代留下的带有历史沧桑痕迹的建筑，如果能在里面用数字创意的方式展示传统文化，将是一件非常"酷"的事情。

如今，"酷"事成真。北四号筒仓改造成为"Re 睿·国际创忆馆"，是首个以"文化遗产 × 数字创意"为内核的沉浸式体验馆，通过"5G+8K"高清影像和 AI+AR 等技术，实现内容的无限延展。我参观时展示的是"重返万园之园"数字圆明园光影感应展，通过半景画屏幕，将历史和现实、工业遗产和园林建筑融合在一起。我看到在筒仓的中心有一个11.8米高的下料锥，当时在首钢炼铁厂时期，炼铁的矿石原料就是从筒仓顶部被倾泻下来，原料撒在锥体上，均匀分布到了四周。如今这个下料锥也被利用了起来，它不仅成为展览的一个空间，还通过奇幻的灯光设计和数字多媒体演绎，呈现出了其自身的工业遗产价值。我在展览入口处看到了很多观众的留言，大家对展览形式和内容表示赞赏。

根据《加快新首钢高端产业综合服务区发展建设打造新时代首都城市复兴新地标行动计划（2019年—2021年）》的表述，2021年，首钢园区北区、东南区将全面建成，到2035年左右，首钢园区将完成整体更新升级，建成传统工业绿色转型升级示范区、京西高端产业创新高地、后工业文化体育创意基地。这是首钢转型新的起点。这个起点获得成功，就可以找到转型发展的内生动力和激活点，培育转型发展的"创新引擎"。而且转型发展也进一步促进传统产业向城市综合服务产业转型，培育转型发展的自主创新能力。目前，在首钢园宣传中展示有"三横四纵五轨"的交通区位图，去首钢园非常便利。

工业遗存更新需依据自身城市能级、产业定位、文化特征、遗存特色等具体情况特点，客观判断和择取与之相匹配且能有效激活片区更新的复兴模式。具备重要区位或重要历史价值的工业遗存，通过政府倾力推进和长期持续投资将其转化为城市新的活力场所或文化空间。首钢主厂区的重工业遗存更新，是我国一线城市发展和城市产业结构调整大背景下催生的典型代表。首钢在功能与业态的活化进程中，充分契合北京市城市总体功能定位，集成"文化+、体育+、生活+"模式。一部首钢史就是半部京城工业史，在重识企业历史价值、重塑企业自豪感、重构企业集体记忆载体的需求下，2019年首钢百年庆典，使首钢主厂区转型发展的努力得到彰显。我想文化复兴不仅仅是物质的复兴，还要把人们的记忆留下来。

在《我是规划师》节目组离开首钢时，我们再次来到了首钢厂东门。北京市石景山路68号，这个深深印在首钢人心中的门牌号，是首钢厂东门的原址。首钢厂东门，它在首钢人心目中有着很重的分量，是首钢人的精神地标。1992年，首钢提出要把工业园区建成一个钢铁大花园，彻底改变人们头脑中钢铁厂就是污染源的旧观念，于是在百里长安街最西端，建成了既古香古色又高大雄伟的首钢厂东门，成了"十里钢城"著名的标志性建筑。首钢员工对厂东门有着深厚的感情，这道大门不仅是员工进出首钢的主要通道，还是首钢特有的符号，见证了首钢的发展历程和光辉岁月。

2015年5月，为了实施长安街西延工程，首钢厂东门拟启动保护性拆除。首钢厂东门位于长安街的西延长线上，在这条城市主干道实施中，厂东门难以保留。听到消息以后，从首钢员工到厂领导都积极呼吁要把厂东门保下来。因为这座建设于20世纪90年代首钢发展最辉煌时期的工厂大门，在首钢人的心目中是首钢真正的代表。它有多方位的价值，既有社会价值，也有情感价值，还有景观价值。厂东门是拆是留，也是首钢在主厂区转产后最为牵动首钢人心的一件事。

之后，厂东门启动保护性拆除。原厂东门所有构件在拆卸时都编号保存，例如屋面琉璃瓦共计1万多件，一一编号，以便未来重建时所有琉璃瓦完全对应上，须弥座、椽木、横梁等厂东门古建筑部分材料全部保留并用在新门上，外墙完全按照原貌进行装修，原汁原味地保留首钢员工关于厂东门的记忆。四年半后，在2019年10月21日，首钢厂东门成了欢乐的海洋。大红灯笼高高挂在厂东门上，在《我和我的祖国》欢快的歌声中，来自全国各地的首钢员工齐聚一堂。阔别四年半的首钢厂东门经过复建后，在位于原址向西500米处全新亮相，新厂东门同样是朱红外墙、绿琉璃瓦，同样是12.85米高、56.28米长，新厂东门坐北朝南完全是按照1:1的比例进行复建。许多首钢员工看见新厂东门都会感慨"从前就是这样的"。厂东门广场作为首钢园北区中央绿轴的起点，不仅引领人们进行别具匠心的工业遗址公园全方位的后工业景观体验，更将成为凝聚首钢人回望历史、开创未来深厚情感的心理地标。

如今，首钢厂东门重新竖立在了首钢主厂区"绿轴"的核心位置，实现了从社会文化心理层面的一种文化复兴。复建后的厂东门广场具备室外草坪、露天剧场、城市草地等休闲功能。随着首钢厂东门广场正式对外开放，市民可到首钢园北区西部参观游览，穿过厂东门进入广场，花草绿地，树木成荫。移步换景，远眺能看见石景山、秀池与群明湖、滑雪大跳台、三高炉等钢铁工业遗存。这是首钢百年发展史中恢宏壮阔的一段篇章，是首钢主厂区转型发展中浓墨重彩的一笔，成为首钢文化复兴、活力复兴、科技产业复兴的新地标，也已经成为中国工业文化遗产保护的新标杆。

我想，首钢在停产转型之时，首钢工人对这片土地、厂房、设备一定是依依不舍。特别是一些几代人都在首钢工作的家庭，这里更是他们的精神家园。首钢的发展凝聚着几代人的智慧和汗水，当年首钢工人用大锤、扁担和箩筐建起新中国的钢铁厂，谱写了一部中国钢铁工业发展的辉煌史诗。在工业遗产上体现出的企业文化、企业精神，与首钢工人的情感认同紧密相连。在调查过程中，我们发现首钢工人对工业遗产表现出高度的认同感和自豪感，体现出保护工业遗产的良好社会基础。仅从这一角度，也有必要对首钢工人情感高度认同的建筑物、构筑物进行保留。

我曾读到一位首钢老工人的回忆，感人至深。他回忆起 50 年前生产出第一炉钢的那个激动人心的夜晚，依然流露出自豪的神情，"1958 年 9 月 6 日，经过 14 个日日夜夜奋战，一座崭新的转炉炼钢车间在一片庄稼地里胜利竣工。7 日深夜第一座 3 吨转炉就要炼出第一炉钢了！大家屏息静气，注目等待。凌晨 1 时 26 分，转炉炉口豁然打开，石景山钢铁厂历史上第一炉钢水终于奔流而出！石景山钢铁厂终于名副其实，结束了有铁无钢的历史，许多年来大家'恨铁不成钢'的心结也终于打开了"。

首钢主厂区转型发展规划，不仅要关注物的转型发展，而且还要关注人的转型，今天很高兴看到首钢工人在新首钢中重新找到了自己的定位。这才是"城市、老工业区、企业和人"的全面转型发展，再次赢得自豪感，获得进取心。我的哥哥单洎华，1968 年参加工作后，先在首钢炼铁厂当了 4 年铸铁工，后来在四高炉当了 3 年上料工，又当了 3 年高炉工长。1977 年他考入北京钢铁学院（现北京科技大学），大学毕业以后一直在首钢技术研究院工作，一生奉献钢铁事业，对首钢充满感情，时刻关心着首钢的发展。

首钢工人为国家、为社会、为中国钢铁工业和首都经济发展发挥了重要作用，做出了无私奉献，也涌现出许多劳动模范和先进人物。许许多多的首钢工人远离北京、远离亲人，兢兢业业地工作，夜以继日地拼搏，用自己的行动履行首钢工人的庄严诺言，表现出了艰苦奋斗、自强不息、甘于奉献、勇于创新的精神。他们把老一辈首钢人钢铁强国之志，融化为拼搏进取的巨大力量，把代代传承的光荣与梦想铸就在建设世界一流的钢铁精品生产基地的伟大实践中，他们是工人阶级的杰出代表，是钢铁强国的圆梦者，是科学发展的践行者，历史将永远褒扬他们身上所集中体现的工人阶级的伟大精神。

石景山区是围绕首钢生产发展形成的行政区，功能布局呈现以重工业生产为核心、居住配套为辅的特征，钢铁产业是地区经济发展的支柱，首钢工人及家属是地区住民的主要组成。据说，曾经石景山区的从业人员约 40% 是首钢从业人员，加上家属构成了石景山区居民的主体。首钢的存在与发展和地区社会经济职能紧密联系在一起，对钢铁工业文化的尊重与情感，深深扎根于当地居民的精神层面，形成独特的社会结构和文化认知。首钢厂东门内取名为"众志成城"的巨幅壁画、石景山顶的功碑阁，都在提示着昔日首钢人的成就感和凝聚力。

　　首钢工人在创造巨大物质财富的同时，也创造了巨大的精神财富。首钢长期以来形成的优秀企业文化，是推进战略转型的重要力量源泉，是持续创新发展的永恒动力。今天，首钢人继续发扬敢闯、敢坚持、敢于苦干硬干的"三敢"精神和不断创新、创优、创业的"三创"精神，在困难中激发前进的动力，在挑战中寻求新的发展机遇，在压力中提高企业综合素质，不辜负一代又一代首钢人的心血和奉献，担负起建设 21 世纪新首钢的历史使命。

　　如今，走进已经停产的首钢石景山厂区，穿行于高炉钢管铁道之间，仍然可以感受当时火热的生产氛围。今天必须关注在这座钢铁之城内生活的每一个具体的人，关注每一个首钢人和他们家庭的变迁，避免企业转型过程引发的工人分流、再就业、社会保障等一系列问题，避免这些问题对原有的社会结构和保障系统造成巨大冲击。因此，首钢未来的发展，必须对首钢员工倍加关怀，使这片场地仍然保持他们精神上的归属感，仍然能够找到他们祖辈在这里生产的印记，这种情怀和一般城市开发项目中盖房子和卖房子完全不一样。

　　为保证顺利完成停产目标，首钢面向社会分流安置职工 1 万多人，相比在曹妃甸新建钢铁厂实现首钢集团的跨越式发展，这是更加复杂的问题、更加现实的挑战。除了生存问题，还要重视人文关怀，几十年对钢铁事业的精神寄托与付出是当地社会文化的精髓，正如一篇文章提到"全世界的大烟囱都是相似的，但是各民族建筑大烟囱的历史、心态、其中故事各有不同"。社会人群意识形态的重建比经济的复兴更难，对社会的稳定发展具有更加深远的影响。

我在故宫博物院工作，2020年是紫禁城的600岁生日，古老的紫禁城，早已成了博物馆，成为城市生活中的文化殿堂，那么首钢这片工业园区也可以通过华丽转身，建成一个充满活力的工业遗产公园，也是包括文化、体育、展览等丰富多彩活动不断举办的大型园区，融入人们的现实生活，满足人们不断增长的文化需求。数百年皇城故事看故宫，未来城市故事看首钢，这里一定会成为世界级的工业遗产保护和利用的典范。

首钢园区位交通（示意图）

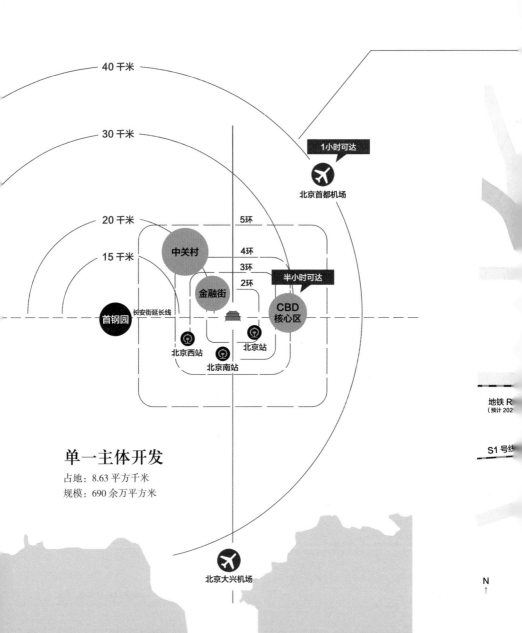

40 千米

30 千米

1小时可达

✈ 北京首都机场

20 千米

15 千米

5环

4环

3环

2环

中关村

金融街

半小时可达

长安街延长线

CBD
核心区

首钢园

北京西站

北京站

北京南站

单一主体开发

占地：8.63 平方千米

规模：690 余万平方米

✈ 北京大兴机场

地铁 R
（预计 202

S1 号线

N
↑

三横四纵五轨
半小时直达核心区

三横：阜石路、长安街、莲石路
四纵：五环路、古城大街、北辛安路、六环路
五轨：M1、M6、S1、M11、R1

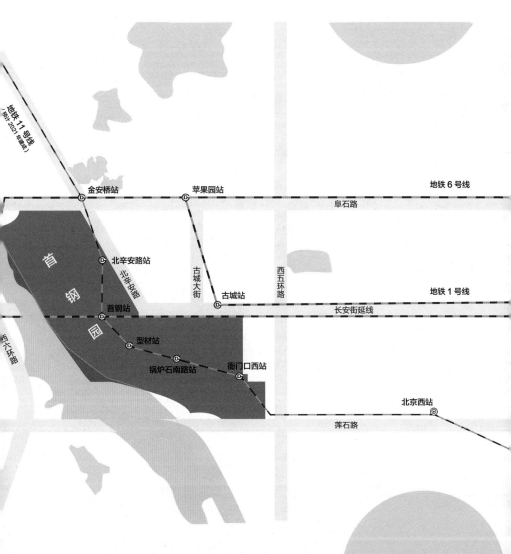

穿越时空之旅

——工业规划与城市的故事

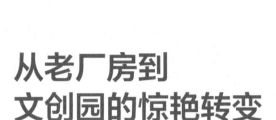

从老厂房到
文创园的惊艳转变

2020 年 1 月 19 日，我们走进了位于北京市朝阳区酒仙桥大山子区域的原 751 厂区，了解北京市工业遗产保护和活化利用状况。这是《我是规划师》节目组继走进首钢工业区以后，第二次访问北京工业遗产项目。

细看由来：城东那片工业遗产

1955 年 7 月，全国人大一届二次会议审议通过了 "第一个五年计划"（简称 "一五" 计划）草案。"一五" 计划基本任务的第一项就是 "建立中国社会主义工业化的初步基础"。具体包括集中主要力量进行以苏联帮助我国设计的由 156 个建设项目为中心的、694 个建设单位组成的工业建设。其中涉及的工业领域包括军事工业、冶金工业、化学工业、机械工业、能源工业、轻工业和医药工业等。截至 1962 年，除三门峡水利枢纽以外，所有项目全部建成投产。这是近代以来，中国工业化历史上从来没有过的集迅速、集中、全面、系统于一体的行动，在短时间里就进行了门类齐全的工业基础建设，完成了国民经济体系的根本性改组。

伴随"第一个五年计划"的实施，特别是重点工业项目的竣工投产，中国国民经济的技术面貌和部门结构发生极大改变，从无到有地建立起了一些过去所没有的重要工业部门，包括飞机、汽车制造业、重型和精密机械制造业、发电设备制造业，以及高级合金钢和有色金属冶炼等。同时，我国的工程技术力量、工业技术水平和劳动生产率也都有了很大的提高。到 1959 年中华人民共和国成立 10 周年时，我国钢产量由世界第 26 位升至第 7 位；煤、油产量从第 9 位升至第 3 位；发电量由第 25 位升至第 11 位。我国工业化的物质技术基础由此得以初步建立。[①]

"第一个五年计划"时期的重点工业项目奠定了我国的工业基础，成为国家经济起步的先导，配套的钢铁厂、机械制造厂、纺织厂均占地规模宏大，厂房既整齐庄重又朴实无华，体现了中华人民共和国成立初期国家为解决经济发展和人民生活问题的决心和魄力，也记录了

---

① 　陈夕．"156 项工程"的尘封记忆．人民政协报，2015-03-12（29）．

工人群体为实现工业发展目标所做出的巨大贡献，显示了工业遗产所具有的重要历史价值。

北京酒仙桥大山子区域的"北京电子城"作为"第一个五年计划"时期的工业成果，对国民经济、国防建设、三线生产、"两弹一星"都做出过重大贡献。这一区域的企业占地 88.6 公顷，当时总投资预算是 900 万卢布，折合当时人民币 1.4 亿元。其中包括一分厂（797）、二分厂（718）、三分厂（798）、四分厂（706）、五分厂（751）和七分厂（707）等。

798 厂和 751 厂前身是成立于 1952 年的华北无线电器材联合厂①及其动力分厂。它们作为当时的大型骨干企业之一，由周恩来总理批复，是当时国内规模最大、最先进的电子科技企业。这项国家重点工程由民主德国②援建，1957 年 10 月举行工厂完工典礼。当时，民主德国副总理厄斯纳亲自挂帅，利用全国的技术、专家和设备生产线，完成了这项工程建设。项目的设计者是来自民主德国魏玛包豪斯的 100 多位建筑师和工程师。这些建筑师在设计时，一反当时苏式建筑风格，根据包豪斯的设计理念，采用现代先进科技和现代主义相结合的建筑设计手法去设计厂房。

---

① 华北无线电器材联合厂：始建于 1952 年，1953 年改厂名为"718 联合厂"，718 联合厂初期实行联合厂、分厂、车间三级管理。

② 民主德国：1990 年 10 月 3 日，德意志民主共和国（简称民主德国或东德）归并于德意志联邦共和国（简称联邦德国或西德），此后，德国作为统一的国家而称为德意志联邦共和国，不再有德意志民主共和国和德意志联邦共和国之分。

以 798 厂区的 3122 号厂房为例。该厂房为单层三跨框架厂房，是现浇钢筋混凝土结构，建筑外立面简洁、朴素。其屋盖是朝北的锯形采光天窗，屋顶高约 9.5 米，柱跨距 17.74 米，柱间距 7.5 米。当时德方专家设计结构按 8 度抗震设防，而苏联专家认为采用 6～7 度设防即可。为此，德国专家收集了大量北京历史上的地震资料，说服中方同意了这一设防等级。不过，由于德方建筑师要用高标号建筑用砖，中国当时没有这一技术，于是德方提供技术，中国在北京南湖渠一带专门修建了两个砖厂。德方要求烧好的每一块砖都必须经过强度测试。

当年德国专家的理性、科学、严谨、认真的设计作风，给中国企业树立了很好的榜样。60 多年过去了，现在"北京电子城"内的大部分厂房仍然很坚固。在局部改建时，因为建筑材料用了高标号的混凝土、建筑用砖和砂浆，工人们很难拆除钢筋混凝土和砖的结构配件。据建筑专家考察，这种按包豪斯设计理念建成的工业建筑目前也仅在德国、美国和中国有少量存在。它们具有突出的保护价值，是重要的工业建筑文化遗产，非常值得存留与保护。

798 艺术区：老厂房的重生

1995 年 9 月，中央美术学院从王府井校尉胡同 5 号的旧校址迁出，租用酒仙桥万红西街 2 号北京市半导体器件二厂作为临时校址，开始了中央美术学院历史上艰难的"中转办学时期"。对于学校方面来说，这个临时的校址解决了新校区建设前的办学用地问题，而且离酒仙桥电子工业区的直线距离不到1千米，与后来成为艺术区的798互动便利。对于工厂方面来讲，由于离退职工、下岗职工的压力大，每年开支很大，出租闲置厂房也可以大大减轻整个企业每年的经济负担。

1999年，国家正式批准"北京电子城"为国家级高新技术产业开发区，这片区域成为中关村科技园区的重要组成部分。电子城内的企业也将面临重组、改造、转产的新形势。之后，中央美术学院的隋建国教授第一个进驻798厂区，大批艺术家随之陆续进驻。他们以艺术家独有的眼光，发现了在798厂区从事艺术创作的独特优势。于是，原来被闲置的老厂房变成了艺术家的工作室、画廊，在短时期内极大地促进了798艺术区的迅速形成。从此，798艺术区作为中国当代艺术的国际窗口，引起了国内外媒体和社会公众的广泛关注。

尽管798艺术区是工业遗产，实际上直到2002年，中国的艺术家们对这个词汇还很陌生。艺术家们对798艺术区感兴趣的主要原因是它低廉的房租、高阔的空间、独特的氛围。据说当时798艺术区月租金为每平方米0.8～1.6元；厂房空间阔朗，有天然采光和热力、水电供应，为艺术家的绘画、雕塑提供了良好的条件；更有吸引力的是，这些昔日工业生产的环境还为艺术家带来了充满历史、人文情怀的灵感。因此人们说，"798对工业建筑的改造利用是无心插柳，

但却开启了中国工业遗产保护利用的大门"。^①

自 2003 年起，一批艺术家和国内外文化机构开始有规模地租用和改造空置的厂房。他们充分利用原有厂房的空间和难得的包豪斯建筑风格，经过富有创意的改造和装修，把厂房改变成富有特色的展示和创作空间，逐渐发展成集画廊、艺术中心、艺术家工作室、设计公司、餐饮、酒吧等于一体的具有一定规模的艺术社区。这一现象开始引起社会的广泛关注。但是，随着北京城市建设的快速发展，房地产开发的升温，有外国公司看中了这块闲置的工厂用地，企业也有以此为契机发展经济的愿望。工业厂房再次面临全部推倒拆光的厄运，是拆除还是保护，也就成了人们关心的热点问题。

2004 年 2 月，15 名北京市人大代表联名提出《保留一个老工业的建筑遗产、保留一个正在发展的艺术区》的建议，目标就是保护位于酒仙桥地区的国营电子工业厂区，保护这个集当时世界电子技术与建筑技术之大成于一身，号称"计划经济第一厂"的电子工业巨人。代表们建议政府相关部门立刻制止 718 联合厂地区正在发生和计划中的大规模拆建行为。这份建议中明确提出保留 798 厂的工业建筑，因为这些建筑物保持了 20 世纪 50 年代初建筑的原貌，它们具有建筑价值、历史价值、艺术价值、经济价值等。此外，中央美术学院的师生们，甚至国外知名建筑师也为酒仙桥工业建筑群的保护性再利用提供了设计构想和方案。

---

① 　肖莉.中国工业遗产保护大事记.人民政协报，2015-03-12（29）.

2004 年 3 月 6 日，建设部发布了《关于加强对城市优秀近现代建筑规划保护的指导意见》，明确"城市优秀近现代建筑应当包括反映一定时期城市建设历史与建筑风格、具有较高建筑艺术水平的建筑物和构筑物，以及重要的名人故居和曾经作为城市优秀传统文化载体的建筑物"。北京酒仙桥地区的工业建筑群就属于指导意见中"城市优秀近代建筑"的范畴。

2005 年 3 月，由北京市规划委员会和市委宣传部联合召开座谈会，听取有关人士对 798 厂的技术鉴定意见，以便为 798 厂的去留决策提供客观的评价。会上有的结构工程师认为，798 厂房没有必要保留下来，这些现浇钢筋混凝土的单层厂房中国工程师就能设计，不是什么新技术。参会的著名建筑师费麟先生发表了不同意见，他认为这组工业建筑可以算是一本中国工业建筑的历史教科书，它不仅具有包豪斯现代主义的建筑印记，而且还具有中国工业化建设的印记。这个工业建筑载体反映了半个世纪以来中国政治、经济、技术、设备、材料、文化、思想的历史发展过程。最后，座谈会赞成保留 798 厂主要的旧厂房，并建议作为一项可行性研究课题慎重研究，以便科学决策、依法决策。

这一意见得到了重视，改造的计划得以停止。人们认识到"北京电子城"是一部中国工业建筑的历史教科书。不久，在听取了各方面的意见后，北京市政府做出了全部完整保留 798 厂老厂房建筑群的决定，并将其列入北京市的工业建筑遗产保护项目名录。

在国有企业改革与产业结构调整的背景下，从 2000 年开始，原

706 厂、707 厂、718 厂、797 厂、798 厂等 6 家企业整合，重组为北京电子控股有限责任公司旗下的北京七星华电科技集团有限责任公司。现今，原来的 798 厂、751 厂已经走出了一条大型工业企业转型之路，引领了北京工业文化遗产保护和文化创意产业的发展。798 厂利用空余厂房发展文化创意产业，创建了 798 艺术区，内容涵盖绘画、雕塑、画廊、展览、交易等艺术领域，逐渐汇集了各类文化艺术机构近 500 家，包括 20 多个国家和地区的 60 多家境外机构，每年举办活动千余场，成为北京市对外文化艺术交流的重要场所。期间，包括瑞典首相、法国总统、奥地利总理、欧洲联盟委员会主席在内的外国领导人先后参观访问过 798 艺术区。德国前总理施罗德在参观 798 艺术区时感叹，几十年前的包豪斯建筑在德国都很少发现，今天居然在北京存在，真是太难得了。据介绍，一些外国领导人来北京访问时，还点名要访问这里。来过这里的外国领导人或他们的夫人都对 798 艺术区给予了高度评价，表示没想到中国还有这样表现活跃思想的好地方，798 艺术区体现了中国改革开放的成果。

目前，798 艺术区还在不断完善文化功能。在北侧，以国际文化交流、艺术培训等功能为主，聚集着德国、丹麦、朝鲜、以色列等国家文化中心，逐渐形成"国际文化使馆区"，充分利用国际资源，增进文化交流，促进园区国际化发展。规划拆除南部破旧厂房、仓库，改善园区空间环境，如新建 798 艺术博物馆，以艺术品展览、交流、培训等功能为主，扩充园区展览空间。在南侧，建设艺术品交易中心，以艺术品展示、交易、拍卖等功能为主，形成"艺术品交易区"，推动艺术品交易的发展。建设798文化创意自贸区，满足大众文化消费需求。

自从北京798艺术区在国内乃至国际上获得极大声誉后，国内很多地方针对城区老工业遗迹的改造、处置开始把798艺术区作为参照对象，他们把老旧厂房改造后引入一些文化创意产业和商业零售机构，利用"老瓶装新酒"的做法营造出新的城市文化名片。这种方式一度成为城市更新、老工业基地产业功能转型的普遍做法之一。

751文创区：新产业带来的生机

751厂和798厂相邻，原来是一个综合能源厂，曾经负责供应北京市三分之一的煤气，也是当时国家电子行业唯一的一家能源公司。总占地面积约22公顷。2000年11月，751厂经过改制成立了北京正东电子动力集团有限公司（后简称"正东集团"），2003年煤气生产退出运行。

2006年，北京市政府划定了北京市文化创意产业聚集区，提出发展文化创意产业的理念。751厂也于2006年开始转型，向文化创意产业发展。在工业文化遗产的基础上，以"空间再生产、可持续"为指导思想，创建了751北京时尚设计广场（又称"751D·PARK北京时尚设计广场"、751等），以时尚设计为主题，涵盖服装设计、音乐设计、汽车设计、视觉设计及高端家居陈设等门类，每年举办大型高端品牌国际展览。751北京时尚设计广场的设立，促进了751厂工业遗产的整体保护。如今751和798形成差异化的互补关系，798作为艺术区，751作为文化创意区。

《我是规划师》节目组首先来到751北京时尚设计广场的时尚回廊。这是751北京时尚设计广场内活化利用的经典案例。通过对几组工业大罐的整合，形成了一个多功能的建筑空间，现在成了751北京时尚设计广场的公共空间，为新闻发布、临时展览、交流报告等提供了理想的空间载体。在一层，设置有颇具特色的设计品商店，成了文化创意产品的宣传窗口。正东集团创意办主任严明丹女士在此处向我们介绍了设计品商店的情况，这里有将近20个国家设计师的产品，还有为过年精心准备的各种门神、春联、福字、红包、灯笼等设计品，琳琅满目，独特别致。时尚回廊的外部保留了大罐原有外观风貌，从中还可以感受到工业建筑原有的景观和肌理。

之后，节目组来到了北京时尚设计广场的"艺匠汇"。在这里，著名设计师郭培女士向我们作了相关介绍，使我们了解到中国时尚行业最新的发展情况和751工业遗产利用的最新状况。2006年开始，中国服装设计师协会开始入驻751北京时尚设计广场，一批已经在业内享有盛誉的设计师和时尚从业者选择在此成立自己的工作室及布设秀场。郭培设计师就是751北京时尚设计广场引进的第一批知名服装设计师，她在这里创办了"艺匠汇"，与园区结缘逾10年。她所关注的是传统手工艺在时尚服装上的应用，希望从民族传统中迸发出新的创造力和生命力。

郭培女士是中国较早的高级定制服装设计师，也是第一位在巴黎高级定制时装周展示个人作品的中国设计师，2020年是她入驻751的第15个年头。郭培女士介绍自己偏爱中式服装，因此她的服装设计作品里都蕴含着中式元素和传统手工艺，例如有中国刺绣手工元素的高档定制服装。与我们相见时，她正在筹备2020年2月巴黎高级定制时装周的作品。

郭培设计师讲述了751北京时尚设计广场吸引设计人才的策略，以及时尚产业在这里生根孕育的情况。她说自己当年选择751北京时尚设计广场的主要原因是这里空间广阔，而德国风情浓厚的厂房建筑是一个可以尽情"折腾"的空间，能够给予设计师空间感和灵感。来到这里之前她一直想拥有一个独特的空间，展示自己的设计作品，如今得以实现。她说，工业遗产所形成的独特空间对于设计师来说，是"不可浪费的创作天堂"。

郭培女士还讲到，很多设计人员选择751北京时尚设计广场是因为与优秀同行之间交流便利，"我们这一批设计师在来到751的时候，就在自己领域有了一定的知名度"。不过，现在很多年轻人都是刚毕业就入驻进来，他们需要业务交流，而这里为年轻人提供了沟通的平台。相信未来这里构筑起来的时尚氛围，会使更多文化创意得以在此诞生。751北京时尚设计广场的故事，也必将被越来越多的创意人士所续写。

随后，节目组一行来到了一处独特的文化空间——751火车街区。在这里我们见到了正东集团的张军元总经理。他是751厂资历最老的员工之一，先后担任过751厂煤气厂技术员、车间主任、检修厂长，目前主要负责751北京时尚设计广场的文化创意产业公司运营，以及751品牌宣传和输出方面的工作。

见到张军元先生时，他正在火车车厢里和同事们商量元宵节火车集市的筹备和火车内部的布置工作。张军元先生向我们介绍，位于751北京时尚设计广场的火车街区，致力于形成消费升级平台，满足人们对美好生活的追求。火车街区利用工业遗留的火车车厢，汇集大量文化创意新元素，融合小而美的生活方式，形成751北京时尚设计广场的新亮点。

火车街区曾联合鄂温克族自治旗，共同营造鄂温克族非物质文化遗产市集。"来自草原"这一主题受到了社会各界的关注，使人们得以见证了民族传统与时尚的对话。用市集这一方式呈现来自草原的非物质文化遗产，不仅为民族工匠们进行文化交流、继承传统、展示才华提供了难得的平台，也有效促进了非物质文化遗产的传承与弘扬，激发了民族文化和文化创意的活力。

张军元先生还介绍了751火车街区与十点读书的创意合作。双方用彼此的优势资源互相赋能，通过新媒体互联网进行文化传播。其中"中国首例大型火车厢设计绘画"项目，以"2020时光专列，不辜负每一个四季"为主题，以火车车厢为载体，大胆尝试以唯美日历插画为基础，展现时光列车的概念，形成火车街区网红地标打卡空间，与目标受众的文化需求相吻合。由于是国内首例在火车车厢内开展的设计活动，因而受到了众多访问者，特别是年轻人的追捧。

751 火车街区现阶段正在招募更多的原创设计人员和更多的设计企业，为设计文化创意发展提供平台，让本土时尚设计与文化创意有新的展示空间，为非物质文化遗产传承人提供更大的国际舞台，让游客和北京市民多一个好看好玩、时尚潮流的文化新去处。我们到访时，火车车厢喷绘尚未完全竣工，一些火车车厢的主题和内部装饰也没有确定，张军元先生希望能有一节"故宫车厢"，融合故宫文化 IP，展示故宫文化创意产品。

张军元先生还希望借鉴故宫博物院"紫禁城上元之夜"和"非物质文化遗产老字号进故宫"活动的经验，以"元宵大团结"为主题举办文化夜会，同时在火车街区联合各民族的非物质文化遗产特色产品、老北京特色风味，举办文化庙会。他认为物质与非物质文化遗产见证着社区的生命历程，保持和延续着社区文化，并促进城市肌体的健康发展，同时也赋予了人们真切的归属感与认同感。精心呵护文化遗产，维系历史文脉，留住社区记忆，是人们生存发展的心理需求，也是当代人对祖先和子孙的责任。

故宫"紫禁城上元之夜"的成功举办，引发人们对于灯光文化夜会的关注。工业遗产在灯光设计和呈现方面，有着比在古建筑群更加宽松的应用环境，也可以体现出工业设施的特色，更具有识别性。例如，通过应用主题照明、轮廓照明、背景照明、地面照明及建筑立面照明等方式，可以对物体造型进行勾勒、点缀，配合投光照明形成自然的灯光雕塑，这些比较适合渲染工业遗产保护区域的大体量工业构筑物。同时，还可结合背景照明利用大片的晾水池设计音乐喷泉，也是生态恢复改造区比较合宜的照明方式。

下午三点半，我们一行来到了 751 园区内最时尚的咖啡店，这里以年轻化装饰和双黄蛋咖啡闻名，是北京年轻人的打卡胜地。张军元先生介绍这里曾经是他的办公室，现在变成了时尚设计商店，每次来到这里他心里都颇有感触。

现今，入驻园区的设计师工作室及辅助配套类公司大约有 150 家，包括时尚设计、工业设计、汽车研发、家居研发、音乐发展、互联网科技企业、科技孵化器等企业。截至目前，每年前来参观的有近 200 万人次，每年活动大约有 500 场，各种时装秀，各种知名汽车品牌的活动，小米、联想等企业峰会，包括产品发布、时装走秀、峰会研讨、趋势论坛，以及小型沙龙等活动络绎不绝、丰富多彩。一个传统的工业生产空间已经自然地转化为现代创意产业空间，时尚设计与创意产业也赋予了历史工业文化遗产新的生机。可见工业厂房既是工业文化遗产保护的对象，也是新兴文化创意产业的承载体，两者可以合二为一。

让园区
更聪明一些、更智慧一些

    798 艺术区和 751 北京时尚设计广场两者之和，总占地面积达54 公顷。北京七星华电科技集团有限责任公司与北京正东集团二者的分界线，主要在 751 动力广场的西边界向南北延伸，可谓一墙之隔。798 艺术区与 751 北京时尚设计广场的定位，既有呼应，又相互区别。798 艺术区每年举办画廊周和 798 艺术节，751 北京时尚设计广场每年举办国际设计周、国际时装周等大型活动。丰富多彩的文化活动和文化氛围，吸引了有关国家元首、王室及国内外政要经常到访，使这里具有了广泛的国际影响力，成为展现文化自信的重要窗口。

时尚定位：大型储气罐内的产品发布会

2020 年 10 月 13 日，《我是规划师》节目组再次来到原 751 厂区。我们一起首先考察了厂区内的大型煤气储气罐。

79 罐（Tank Zone）是 751 厂的地标建筑之一，总面积 3300 平方米，直径 61 米，穹顶高约 9.4 米，地面水泥材质，墙体为钢板，是在 751 工厂煤气储气罐基础上改建而成，始建于 1979 年，也是对老工业资源的二次利用，于 2007 年正式投入活动使用。79 罐内此刻正在为即将到来的新型手机发布会进行场地布置，准备已经初具雏形。此行我们又见到了张军元先生，他介绍了即将进行的活动，以及这次活动选择 79 罐的原因：现今手机是非常科技时尚的产品，在工业遗产内举办，可以让人们感受到历史和现在的强烈碰撞。

张军元先生介绍了 79 罐曾经的历史沿革、用途，以及它如何完成从旧工业到新潮流的过渡，如何在不改变原貌的情况下，迸发出新的活力。当初 751 厂通过竞标选择设计师来重新改造 79 罐，最终选择了王永刚设计师的方案。因为这位设计师当时认为：考虑到这是北京地区仅剩的大型煤气储气罐，改造后应满足公共性，适应多功能利用的需求，故在罐内空间设计中什么都不添加，才是最好的方案。并且这种空间是一种不太受时间影响的风格，它不会过时，可塑性很强。

下一步，规划还将利用园区东北侧多年闲置、直径 68 米的螺旋式大型煤气储气罐。这个储气罐是北京历史上第一个 15 万立方米的大型储气罐，过去北京市有 7 个这样的储气罐，现在只剩下在 751 厂区内的 2 个，其他 5 个大型储气罐都已经消失。之后规划将恢复储气罐原有高度及风貌，形成首都文化创意产业的新地标，用于开展高端会展的发布、设计品的交易、戏剧和音乐的演出等活动，建设文化与科技相融合的国际会展演艺中心。张军元先生向我介绍正在策划新建 751 博物馆，拟通过对一座水泥大罐保护性再利用，融合工业和文化气息进行博物馆建设。

此外，张军元先生还向我展示了一台 20 世纪 50 年代的电影放映机，并讲述了它的故事和历史价值。这台电影放映机是当时民主德国总理赠送给 751 厂的礼品。那个时代文化生活比较少，因此 751 厂工人俱乐部就成为员工们，特别是年轻员工下班以后最喜欢去的地方。20 世纪 90 年代 751 厂工人俱乐部改造时，这台电影放映机被工厂的一位老师傅收藏了起来，一直到 2019 年才重新回到了 751 厂，如今它存放在设计品商店的柜子里，等待 751 博物馆建成之后进行展示。这台电影放映机中有人们对那个时代的情感，特别是对 751 厂的工人们而言，这台电影放映机是当时 751 厂生产鼎盛时期的缩影，凝聚了人们对那个黄金岁月的记忆。

751 厂是主要从事热电综合能源的生产供应企业，厂区拥有储煤场、火车头、裂解炉、15 万立方米储气罐、动力管廊，以及系列配套厂房等特色设备、建筑和广场。751 北京时尚设计广场正是在 751 厂工业遗产的基础上，经过近 10 年的保护性再利用逐渐形成特色。751 厂的保护性再利用项目以"空间再生产、可持续"为指导思想，通过时尚设计与创意产业赋予了历史工业文化遗产新的生机。

逐步融合：定位后的自身调整

798厂和751厂片区是北京较完整的老工业厂区，这里所拥有的包豪斯建筑、仪器设备、生产管线等饱经沧桑，具有鲜明的工业特色，是城市工业发展的见证。在北京城市总体规划中，结合这一地区的历史遗存，集中划定了工业文化遗产的保护区域，对于区域内工业建筑、设备、管线等文化遗存确定保护目标，对于建筑高度、街道尺度、空间格局、环境色彩等特色风貌进行整体保护。由于在城市规划中此处原来是工业用地，且规划路网红线过宽，目前用地性质变更为工业文化创意产业园区，大量工业厂房、生产设备成为保护要素，因此需要对道路红线进行规划调整。

调整的内容主要包括依据厂区现状道路调整路网，形成"三横四纵"的路网体系；压缩道路红线宽度，避免破坏保留建筑；增加3条城市支路及7条街坊路；增加路网密度，提升道路通行能力。同时，划定完整的步行街区，街区内道路分时段管控，白天作为步行道路，晚间对机动车开放；街区外围规划连续的城市道路，保障区域交通；街区周边结合新建项目增设地下停车设施，解决园区及周边地区停车难问题，修补城市功能。

在张军元先生的引领下，我们登上了751厂区的制高点，这是新建的一条连接厂区主要功能区域的"空中廊桥"，这座空中廊桥既是交通廊桥，也是景观廊桥。桥上有一些合影打卡的年轻人，其中有一对情侣正以工业建筑为背景拍摄婚纱照。闲聊中，他们告诉我是从外地来京旅行结婚，特地来这里拍照。我们问他们为什么选择在这里拍摄婚纱照，没有像一些情侣那样选择更加华丽的地方？他们说这里的工业景观非常独特，特别有艺术感。

站在廊桥上可以俯瞰751北京时尚设计广场全貌，远处可以看到望京新区和商务中心区，近处可以看到附近的工业厂房建筑和动力生产设备。总体来说，园区的特点是广场多、外部空间多、室内空间少。张军元先生特意展示了全区鸟瞰图，介绍751厂各个区块的功能划分。在整体保护的状态下，751北京时尚设计广场的总面积22万平方米，区域内建筑面积则不足15万平方米，容积率仅为0.79。我们沿着廊桥行走，看到现代工业建筑物、构筑物已经形成良好的遗产界面和天际线。其中，近处有一座楼是德国奥迪汽车研发中心，也是该企业的亚太研发中心。研发中心的建筑设计风格独特，可以看出，设计者希望新的建筑物与老的工业园区能够融合在一起。昔日751厂建筑由德国建筑师设计，如今德国企业进驻这里，冥冥中仿佛因缘已定。

G.卡伦在《城市景观》中认为，理解空间不仅在看，而且还应该通过运动穿过它。在刚登上廊桥时，人会感到下面缺少开展文化活动的空间，但是沿着廊桥行走起来，人的感受随之发生了变化，发现

751厂的景观不是一种平面静态的景观，而是一种空间意识的连续统一体，可以体会到周围空间带给我们不一样的视野体验，以及我们所希望的心理体验，而空间序列景观就起到了主导我们体验的作用，这种序列贯穿了我们运动观景的整个过程。

张军元先生一路陪同，他还讲述了751厂转型751北京时尚设计广场时，在拆与建、新与旧之间难以取舍的纠结心境。最难的是，当时有关领导希望工业遗产在改造后要使人们感到眼前一亮，让它更时髦，但是工业遗产保护性再利用要求尽量保存工业建筑物、构筑物的现状。751厂工业遗产的核心要素需要保护，不能轻易改变和干预，因此对于以前生产状况无论是加一点还是减一点，都要精心把握，不能凭空创造。尽管国际上已经有不少同类利用工业遗产创设的文化创意产业园区的先例，但如何因地制宜，形成高品质的文化特色，这是很大的挑战。磨合的过程持续了很久。

首先是安全鉴定。原751厂如果开展工业遗产保护性再利用的建筑设计，应进行结构安全鉴定。由于经济价值即再利用价值是工业遗产的重要特征，对于采取再利用方式进行保护的工业建筑物、构筑物和设施设备，首先需要进行建筑工程的质量、安全、抗震等各项必要的技术鉴定。在技术鉴定基础上进行再利用的建筑设计，还要对存在有安全隐患的建筑物、构筑物，进行必要的加固处理，满足建筑工程的各项技术要求。

然后是主题定位。将原751厂作为北京时尚设计广场和工业遗产主题公园的定位，为保留工业建筑物、构筑物提供了合适的舞台，此定位能够最大限度地实现保留历史地段的目的；而会展博览文化区和公共服务中心的功能定位，也是厂房、仓库等工业建筑延续其使用价值适宜的形式，作为公共开放空间，容积率、建筑密度等指标都相对较低，为工业遗迹的保留提供了可能。无论是从建筑结构、空间形态等方面，还是在厂房、仓库等建筑改建为博物馆、展览馆、文化中心等方面，751 都具有得天独厚的优势。

为适应开展文化创意产业发展需要，同时贯彻北京城市总体规划"减量提质"的目标，751 北京时尚设计广场对于全区用地功能、开发强度等规划设计指标进行适度调整，在控制性详细规划中实现减量约 20%，使高大的工业厂房建筑和独特的动力生产设备继续在区域景观中保持主角地位，形成良好的城市公共界面；通过创新性合理利用，为 751 北京时尚设计广场不断增添新的内涵，从而塑造出更具魅力的文化空间，充分体现出工业遗产的文化积累，焕发出穿越时空的永恒魅力。

在控制性详细规划中，针对 751 北京时尚设计广场缺乏集中绿地与完整绿化系统，采取落实"留白增绿""增建小微绿地"的措施，在保证规划绿地总量不变、保护历史建筑的前提下，调整优化绿地布局，缩窄城市干道绿化带，结合项目实施开展环境整治，增加公共绿地。结合园区干道与广场，植树、种花、种草，增加绿化覆盖率。同时，利用建筑第五立面，增加屋顶绿化。对于体现工业文明的小品雕塑，以及座椅、垃圾箱、路灯等进行整体设计。

生态环境的营造与工业环境的维护相结合，使 751 北京时尚设计广场呈现出艺术特色，工业文明与园林艺术交相辉映的景观，集中体现了 751 厂在不同发展时期走过的历史足迹，也是展示工业景观的有效方法，从而形成了具有时代特色的工业文化遗产保护示范区。借助良好的绿化景观和完善的观光系统，751 北京时尚设计广场成为引人瞩目的"公共会客厅"和"户外画廊"，让老工业建筑在新的环境里满足了人们对美好生活的向往和体验。

张军元先生介绍了 751 北京时尚设计广场的入驻、筛选原则，以及 751 管理理念。小到摊位，大到各个工作室，最初的租赁合同都会明确从事文化创意的内容，选择的主要是设计类和体验类项目。

谈到 751 北京时尚设计广场的未来发展方向，张军元先生说，北京市委书记蔡奇指出"文化创意产业学习首钢"，首钢通过对工业厂房、炼铁高炉和历史环境的保护性再利用，形成了北京冬奥组委办公园区和国家体育产业示范区。因此，751 北京时尚设计广场的再发展应学习首钢的经验，充分挖掘闲置厂房、设施的潜力，保留原有主体结构，内部空间完善与外部空间提升要有机结合。同时，保护现有场地环境，地上地下要空间一体化设计，新增建筑要与厂区高度、体量、色彩、环境相协调，使新老建筑有机融合、相互辉映。

智慧升级：科技赋能文化创意产业

不断延续的工业活动迫使此类工业设施与不断向前发展的生产方式相适应，新技术、新工艺的不断开发应用和产品迅速地更新换代也使工业遗产更为脆弱，极易受到损害。例如，电子计算机工业尽管形成和发展的时间不长，但是在短短半个世纪中，它已经历了一系列的技术革命。伴随电子器件从电子管经晶体管和中小型集成电路到大规模集成电路，电子计算机也经历了大型机、小型机、袖珍型机和微型机的系列更迭。无论是软件还是硬件在规模和复杂性上都有了重大变化。

为此有人抱怨，很多早期计算机作为特殊项目制造，当继任品被开发和制造后，它们很快就被拆除了；还有人认为，软件不断更新和改善，老的版本就应该像旧抹布一样被抛弃。尽管物质的工业遗存在某种程度上被保存下来，软件或用来运转这些机器的程序却有更曲折的命运。列表、纸带、打孔机、磁带和系统手册通常是最先抛弃的东西。

以机械制造工业为例，经历了20世纪60年代明显的更新过程，到20世纪末人们只能在个别企业看到世纪之初的机器仍在进行生产或闲置在车间的某一角落，在今后10年、20年，这些"最后的痕迹"将从工业生产领域完全消失，于是机械制造工业的历史也将很容易地被人忘掉。

以前与工业遗产相关的研究多着重于工业建筑的再利用，以及对工业遗产的系统研究。如今工业遗产也是文化遗产的一部分，对于文化遗产领域来说，工业遗产是一个新课题。如何保护具有突出普遍价值的工业遗产，也成为文物界与建筑界共同关注的话题。越来越多的有识之士也开始关注工业遗产的再利用，并且使它们在城市更新中得以保存。

我们看到，许多具有远见的城市政府，在大力推进当地经济社会可持续发展的进程中，重视工业遗产的保护，取得了令人称道的成绩。在对工业遗产保护逐渐形成共识的形势下，一批工业遗产得到了积极保护和合理利用。同时，我们也必须注意到，尽管近年来一部分工业遗产开始被列入保护之列，但是受法律保护的工业遗产项目仅占应纳入保护内容中的很小一部分，还有很多城市，特别是一些传统工业城市，还缺乏将工业遗产保护纳入文化遗产保护范畴，缺乏对工业遗产的总体评价和细致规划。

751厂所在的酒仙桥地区毗邻机场使馆区，是首都对外文化交流的重点地区，区域内高新科技企业集聚，更是文化与科技融合发展的重要地区。751北京时尚设计广场结合北京城市总体规划，响应"城市双修"①的号召，多层次、宽领域地推动首都产业转型及文化创意产业发展，满足广大民众日益增长的文化消费需求，积极建设文化与科技融合发展的文化创意产业发展示范区。

目前，751北京时尚设计广场已经形成集艺术、设计、展演、交

———————————

① 城市双修：指生态修复、城市修补。

易于一体的初具规模的文化创意产业园区，吸引大批国内外知名艺术家、设计师、文化机构入驻。为增强文化创意产业园区国际影响力，提升艺术交流空间，扩大原创设计门类，促进艺术品消费增长，推动文化展演交流发展，补充区域国际教育需求发挥出了独特的作用。面对未来，规划还将增建 751 高端会展演艺中心、科技文化创新中心、国际时尚学校等六大设施。

在未来增建中，751 科技文化创新中心拟改造 1 号、2 号、3 号、6 号、7 号停产锅炉房，利用锅炉房大跨度的空间与设备遗存，建设科技文化创新中心，提升园区文化与科技融合的创新能力。751 国际时尚学校，拟改造园区东侧电子信息技师学院，利用 751 园区汇集的服装设计、音乐设计、视觉设计等时尚设计资源，与高等院校合作开展"产学研"教育培训项目，建设"产学研"一体的培训平台，培育更多文化创意人才。

面对信息化时代科学技术发展，751 北京时尚设计广场还利用企业在电子信息领域的技术优势，实现文化艺术与科学技术相融合。将"5G+8K"、AR、VR、全息影像等技术与文艺演出、艺术品展览、文化创意产品展示等领域相结合，实现"触手可及"的传播效果；将大数据、区块链、AI 等技术应用于文化创意产品的研发与版权保护，用科技助力文化创意发展；园区率先布局 5G 基站，实现园区信息化全覆盖，布局户外创意环境；利用无人驾驶、物联网、虚拟仿真等新技术，塑造智慧园区。

对于这片区域，北京市的规划中希望通过酒仙桥地区文化创意产业的升级改造，立足于全国文化中心建设"一核一城三带两区"①总体框架，通过"西有首钢、东有酒仙桥"的格局，共同形成首都文化创意产业的新地标。包括推动文化与科技、时尚等领域融合创新发展；完善城市美育功能，提高大众美学修养；盘活工业遗存，推动城市更新和文化品质提升；丰富区域文化活动，利用园区优势增加剧院、博物馆等设施；积极培育新型文化业态与消费模式，不断激发文化消费增长潜力；将这一区域建设成为具有世界影响力的国际文化创意产业发展示范区。

习近平总书记曾指出，"让城市更聪明一些、更智慧一些，是推动城市治理体系和治理能力现代化的必由之路，前景广阔"。随着酒仙桥地区明显的地理优势和不断提升的社会价值，将会对文化创意产业有着独特的影响，使文化创意产业更具个性化、多样化和地方特色。通过优质文化创意产业的引入和发展，能够吸引更多知名文化创意领域的科技资源，让科技赋能文化创意产业，对751北京时尚设计广场的文化价值起到积极的延续作用。而工业遗产区域的升级改造也将增添城市活力，修补城市功能，形成新型智慧化的文化创意高地，扩大地区的整体影响力。

---

① 在《北京市推进全国文化中心建设中长期规划（2019年—2035年）》中，"一核"即以社会主义核心价值观为引领，建设社会主义先进文化之都；"一城"即加强历史文化名城保护；"三带"即推动大运河文化的文化带、长城文化带、西山永定河文化带保护和建设；"两区"即推动建设公共文化服务体系示范区和文化产业发展引领区。

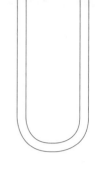

探源理念，与城市互动发展

在参观 751 厂的过程中，我们对北京的工业遗产有了更深入的了解，工业遗产是人类发展历史中不可分割的存在。到底什么是工业遗产？工业遗产保护的起源和发展是什么？工业遗产又有哪些多重价值……我们要重新认识、保护、再利用工业遗产，就要了解更久远、更全面的关于工业遗产的信息。

见证记录：工业遗产保护的起源与发展

工业遗产在众多的文化遗产中是一个年轻的类型。一些矿山、工厂、仓库、烟囱、管道、铁路、码头、运河等，经过多年的开采、生产、运行，已经失去了生产功能，但是作为纪念物保留了下来；同时，与工业生产相关的一些机器、车辆、工具、仪器、图纸、档案、照片、产品、服装等也一起保留下来，成为工业文明的历史见证和记录。

保护工业遗产的活动起源于英国。早在19世纪末期，英国就出现了工业考古学，强调对工业革命与工业大发展时期的工业遗迹和遗物加以记录和保存。这一学科使人们萌发了保护工业遗产的最初意识。工业考古作为特殊考古，是考古学的一个分支，研究从史前时代至近代的手工业生产的遗迹、遗物，重点放在近代。它是运用考古学的各种方法对工业遗存进行调查、陈列、保护。工业考古涉及考古学的三大分支——史前考古、历史考古和田野考古；涉及的学科有自然科学（自然地理学、地质学、气象学、生态学等）、工程技术科学（遗址的考察、发掘、测量、制图等）、人文社会科学（民族学、民俗学、语言学、社会学、经济学、政治学等）。在英国，有个"工业考古记录"网站，是全球第一家关于"工业考古记录"的志愿者组织，它的内容主要有：砖、瓦、水管；市政工程（运河与隧道）；码头和港口；钢铁；锁和钥匙制作（保险柜）；冶金（马具、锉）；磨坊；矿山；金属矿；非金属矿；铁路；蒸汽能源；石材和制陶；纺织工业；交通和桥梁；城市环境；水工业；水能源；水运成就与工艺；其他（酿酒、制桶、摆渡、石灰、制砂、玻璃、起重机、岩石钻探等）。内容之丰富，涉及领域之广泛，的确令人赞叹。更难能可贵的是，"工业考古记录"网站还提供了600多个工业考古网站的链接，其中有大学、博物馆和其他不同工业领域等相关信息。

可以说，工业考古是一种多学科交叉的综合方法，研究由工业进程产生的有关物质与非物质的所有证据，以及材料、档案、人工制品、地层学、结构、聚落和自然与城市景观。使用这些研究方法，有利于人类不断认识工业的过去与今天。工业考古的发展推动了人们的"保护工业遗产"意识，以博物馆形式，特别是科学、技术、铁路博物馆的形式保护了大量的工业文物，吸引了一部分具有特殊兴趣人群的旅行和观光，使工业遗产旅游得到了最初的发展。

不过，较为完整的工业遗产保护理念直到20世纪70年代才逐渐形成，并诞生了国际工业遗产保护委员会。在21世纪初，国际社会对工业遗产保护形成广泛共识。2003年专用于保护工业遗产的国际准则《下塔吉尔宪章》制定。《下塔吉尔宪章》宣称，"为了当今及此后的使用和利益，本着《威尼斯宪章》的精神，我们应当对工业遗产进行研究，传授其历史知识，探寻其重要意义并明示世人，对意义最为重大、最富有特征的实例予以认定、保卫和维护"。宪章阐述了工业遗产的定义与领域范围，"凡为工业活动所造的建筑与结构，此类建筑与结构中所含工艺和工具及这类建筑与结构所处城镇与景观，以及其所有其他物质和非物质表现，均具备至关重要的意义"。"工业遗产包括具有历史、技术、社会、建筑或科学价值的工业文化遗迹，包括建筑和机械，厂房，生产作坊和工厂，矿场及加工提炼遗址，仓库货栈，生产、转换和使用的场所，交通运输及其基础设施，以及用于住所、宗教崇拜或教育等和工业相关的社会活动场所"。

在时间方面，狭义的工业遗产是指18世纪从英国开始的，以采用钢铁等新材料，采用煤炭、石油等能源，采用机器生产为主要特点的工业革命后的工业遗存。广义的工业遗产则可以包括史前时期加工生产石器工具的遗址、古代资源开采和冶炼遗址，以及包括水利工程在内的古代大型工程遗址等工业革命以前各个历史时期中反映人类技术创造的遗物遗存。目前，国际社会研究的工业遗产对象主要是前者，研究的时段主要集中在18世纪后半期工业革命开始至现代的时间范围，同时也从科学技术史角度探索早期工业及原始工业的根源。

在范围方面，狭义的工业遗产主要指生产加工区、仓储区和矿山等处的工业物质遗存，包括钢铁工业、煤炭工业、纺织工业、电子工业等众多工业门类所涉及的各类工业建筑物和附属设施。广义的工业遗产包括与工业发展相联系的交通业、商贸业及有关社会事业的相关遗存，包括新技术、新材料所带来的社会和工程领域的相关成就，如运河、铁路、桥梁，以及其他交通运输设施和能源生产、传输、使用场所。[①]

增加潜力：发掘多重价值，注入新的活力

随着时间的推移和历史的沉淀，传统工业遗迹也越来越具有突出

---

① 单霁翔.关注新型文化遗产：工业遗产的保护.中国文化遗产，2006（04）.

的普遍价值，工业遗产成了文化遗产的重要组成部分，其价值大大增加。一些城市对于已经失去原有功能的工厂、码头等遗址，不再采取简单粗暴全部推倒重建的办法，而是通过合理利用的手段，使其不断为社会提供综合效益，发挥保留工业建筑物及构筑物的文化、景观、旅游价值，采取与其相符功能结合的方式实现再利用，充分发挥其自身的潜力。为了挽救那些被遗弃和毁坏的矿山、工厂等，联合国教科文组织也把这些工业遗迹，这些杰出展现出当时工程技术水平的运河、铁路、桥梁，以及各种形式的交通和动力设施收入了《世界遗产名录》。

（1）在工业景观方面，上篇也提到过，成功案例如英国的铁桥峡谷工业旧址、布莱纳文工业景观及其关联景区的重新利用等。随着保护性再利用的成功案例逐渐增多，世界各地的改造形式也多种多样。如大型的厂房建筑与会展、博物馆、商业中心、文化娱乐中心、体育馆等公共设施相结合，重新利用；一些冷却塔、高炉、储气罐等特殊的构筑物则与工业旅游相结合，改造为攀岩、潜水等项目，或成为主题公园中富有创意的文化景观标志和教育设施，或成为新型的文化创意产业区；对于各类机械设备、生产设施、交通设施等工业构筑物采取与工业建筑类似的手段进行展示，成为体现工业文明成果和工业生产风貌的陈列内容；等等。

（2）在工业遗产保护性再利用方面，成功案例如法国巴黎的奥赛火车站改为奥赛博物馆；西班牙巴塞罗那东郊的面粉厂改成著名建筑师的办公室；奥地利维也纳煤气储罐改建成大型商业综合楼；澳大利亚悉尼的电力站改造成动力博物馆；德国鲁尔区钢铁厂旧址改造成文化娱乐场所和博物馆；美国旧金山的原巧克力工厂、旧码头建筑改造成为别具特色的室内商业街和来访者喜爱的游乐和购物中心；等等。

另外，近年来由于制造业经济大量向金融、物流、中介、研发等方向转型，许多适宜的厂房、仓库被重新利用为办公用房。我们曾经访问过位于里斯本的葡萄牙国家考古局、位于巴塞罗那的西班牙凯撒基金会等机构，也都是通过合理利用工业建筑，既保留了工业化时代的风貌，又获得了良好的工作条件。这些成功的案例展现出工业遗产与其他古代文化遗产相比具有更加广泛的利用空间。

我们还看到，在工业建筑中，一些艺术家工作室、时装设计室、艺术画廊、工艺品店、建筑事务所、律师事务所、牙医诊所、商业推广公司、旅游公司、中介咨询机构、产品研发机构、小型展销场所等也都找到了理想空间。同时人们对于这些工业建筑的文化信息和传统风貌格外珍爱。适度地改造往往仅限于室内，如增加隔热保温措施、进行内部水电改造、添加卫生设施、加固房间结构及装修等；而对于工业建筑的外观和格局，以及室外环境尽可能保持原貌，以提醒人们这些工业建筑和设施不同寻常的历史和不可替代的价值。

此外，在工业遗存的外部环境条件彻底改变，需要引入新功能的情况下，要以工业活动遗留的实体资源为保护性再利用对象，根据实际需要去改变工业建筑物、构筑物的使用功能和外观面貌。例如，奥地利维也纳煤气厂储气罐的改造，4个硕大的储气罐分别被改造为旅馆套房、高级写字楼、大型卖场和娱乐中心，工业设施均被赋予全新的功能，成为当地著名的游览目的地；澳大利亚悉尼市在达令港码头的改造规划中，也将大量老仓库改造利用为专业店、咖啡屋和小型博物馆。

（3）在工业遗产保护理论方面，一些国家也进行了有益的探索。"是拆了重建还是进行改造利用，折射出文化意识的变化"。鉴于作为文化遗产的某些建筑其原有功能已不再适用，无论是业主、使用者还是建筑师都会考虑为其寻找另一种相近或全新的用途，以便将该遗产建筑保留下来。那么在这一过程中，保护工作应该如何掌握和开展，是工业遗产保护和合理利用面临的重要问题。

例如，澳大利亚所制定的《巴拉宪章》，为文物建筑寻找"改造性再利用"的方式越来越受到重视，并在工业遗产保护项目上加以推广。"'改造性再利用'关键在于为某一建筑遗产找到恰当的用途，这些用途使该场所的重要性得以最大限度地保存和再现，对重要结构的改变降低到最低限度并且使这种改变可以得到复原"。由此看来，《巴拉宪章》所定义的"改造性再利用"指的是对某一场所进行调整使其容纳新的功能，这种做法因没有从实质上削弱场所的文化意义，而受到鼓励推广。

一般来说，工业遗产具有历史、社会、科技、经济、审美等多重价值，与其他文化遗产的区别在于科技价值。

（1）工业遗产具有重要的历史价值。它们见证了工业活动对历史和今天所产生的深刻影响。工业革命使科学技术、城市经济和社会文化等方面产生了前所未有的深刻变化，而工业遗产就是工业文明的历史体现，是记录一个时代经济社会、产业水平、工程技术等方面的文化载体。工业遗产不但体现了人类对于美好生活的向往，也体现了人类日益强大的驾驭物质世界的力量。通过对城市中的工业遗产重新进行梳理、归类，更好地保护工业遗产，发掘其丰厚的文化底蕴，将会使绚丽多彩的历史画卷更加充实。在合理利用中为城市积淀丰富的历史底蕴，注入新的活力和动力。

因此，工业遗产是人类所创造、需要长久保存和广泛交流的文明成果，是人类文化遗产中与其他内容相比毫不逊色的组成部分。如果忽视或者丢弃这一宝贵遗产，就抹去了城市一部分最重要的记忆，使城市出现一段历史的空白。同时，这些深刻变革的物质证据对人们认识工业活动的产生和发展，研究某类工业活动的起步和过程具有普遍的价值。保留工业遗产的物质形态，弘扬工业遗产的文化精神，既能为后世留下曾经承托经济发展、社会成就和工程科技的历史记录，也能为城市经济未来发展带来许多思考和启迪，更能成为拉动经济发展的重要源泉。

（2）工业遗产具有重要的社会价值。它们见证了人类巨大变革时期社会的日常生活。工业活动在创造了巨大的物质财富的同时，也创造了取之不竭的精神财富。工业遗产记录了普通劳动群众难以忘怀的人生，成为社会认同感和归属感的基础，构成不可忽视的社会影响。辉煌的工业历史，不但是企业家的骄傲、工人的自豪，同样也让后人景仰。保护这些反映时代特征、承载历史信息的工业遗产，能够振奋民族精神，传承产业工人的优秀品德。工业遗产中蕴含着务实创新、包容并蓄；励精图治、锐意进取；精益求精、注重诚信等工业生产中铸就的特有品质，为社会添注一种永不衰竭的精神气质。

工业遗产承载着真实和相对完整的工业化时代的历史信息，帮助人们追述以工业为标志的近现代社会历史，帮助未来后代更好地理解这一时期人们的生活和工作方式。而保护工业遗产是对民族历史完整性和人类社会创造力的尊重，是对传统产业工人历史贡献的纪念和其崇高精神的传承。同时，工业遗产对于长期工作于此的众多技术人员和产业工人及其家庭来说，更具有特殊的情感价值，对它们加以妥善保护将给予工业社区的居民们以心理上的稳定感。

（3）工业遗产具有重要的科技价值。它们见证了科学技术对于工业发展所做出的突出贡献。工业遗产在生产基地的选址规划、建筑物和构造物的施工建设、机械设备的调试安装、生产工具的改进、工艺流程的设计和产品制造的更新等方面具有科技价值。保护好不同发展阶段具有突出价值的工业遗产，才能给后人留下相对完整的工业领域中科学技术的发展轨迹，提高对科技发展史的研究水平。而保护某种特定的制作工艺或某种具有开创意义的范例，更具有特别的意义。

（4）工业遗产具有重要的经济价值。它们见证了工业发展对经济社会的带动作用。工业的形成与发展往往需要投入大量的人力、物力和财力，而对工业遗产的保护可以避免资源浪费，防止城市改造中因大拆大建而把具有多重价值的工业遗产变为建筑垃圾，有助于减少环境的负担和促进社会可持续发展。同时，保护工业遗产能够在城市衰退地区的经济振兴中发挥重要作用，保持地区活力的延续性，给社区居民提供长期持续稳定的就业机会。

（5）工业遗产具有重要的审美价值。它们见证了工业景观所形成的无法替代的城市特色。众多城市中工业的布局和发展极大地影响着城市的格局，形成了特殊的内在肌理和特质内涵。在当前城市化大潮中，由于许多城市对自身文化特色的忽视和放弃，造成了城市形态、城市面貌和城市文化的趋同化。认定和保存具有多重价值和个性特点的工业遗产，对于提升城市文化品位，维护城市历史风貌、改变"千城一面"的城市面孔、保持生机勃勃的地方特色，具有特殊意义。

从城市规划角度看，组成一座城市的物质要素不但包括居住区、公共建筑、商务区、道路广场、园林绿地等，也应包括工业、仓库、对外交通运输、桥梁、市政设施、能源供应等。城市的差别性关键在于文化的差别性，工业遗产虽然不能像一般艺术作品一样进行观赏，但是工业遗产的特殊形象是成为众多城市识别的鲜明标志，是"阅读城市"的重要物质依托，因而具有明显区别于其他城市的独立性格。作为城市文化的一部分，工业遗产无时不在提醒人们城市曾经的辉煌和坚实的基础，同时也为城市居民留下更多的向往。

循序渐进：与城市互动的发展

城市是文化的载体和容器，城市的发展是循序渐进、有机更新的过程。工业遗产保护也应遵循这一理念，努力实现工业遗产保护与经济社会发展的平衡互动与和谐共存。未来的城市规划中，既要注重工业遗产保护对于城市长远利益的重要性和不可替代性，又要注重合理利用和可持续发展。在尽量发掘其在历史、社会、科技、经济和审美等诸多方面的价值，赋予工业遗产以新的内涵和功能的同时，注入工业遗产新的活力，实现与城市经济社会环境的互动发展。

（1）工业遗产的普查与认定。工业遗产作为一种特殊的文化资源，它的价值认定、记录和研究首先在于发现，而普查是发现的基础和保证。面对数量庞大的工业遗产，通过普查及时准确地掌握第一手资料，进而建立起工业遗产清单。同时普查与认定、记录和研究的过程，也是宣传工业遗产重要价值和保护意义的过程，是发动企业和相关人员投入工业遗产保护的过程。

国际保护工业遗产的《下塔吉尔宪章》突出强调了工业遗产的认定和抢救性整理工作的重要性，提出"各国必须对其需要为后代保留下来的工业遗迹予以认定、记录和保护""对地带和不同工业形态的调查必须确定工业遗产的范围。在这一信息的基础上，必须为所有得到认定的遗址创建编目"。同时，认定、记录和研究工作相辅相成、不可分割，互为补充和支持。科学认定是准确记录的前提。首先应在充分研究的基础上建立工业遗产的价值评估标准，并使其与国际标准具有兼容性，用以认定不同类型的工业遗产。

工业遗产的认定应积极动员社会公众广泛参与，使合理、统一的认定标准得到公众的普遍认同；应注意工业遗产的认定标准与其他文化遗产，特别是古代文化遗产认定标准的差异。工业遗产应是在一个时期或一个领域领先发展、具有较高水平、富有特色的工业遗存。这样界定，既注重了工业遗产的广泛性，避免因为认识不足而导致文化遗产在不经意中消失，又注重了工业遗产的代表性，避免由于界定过于宽泛而失去重点，保证把那些最具典型意义、最有价值的工业遗产保留下来。

在历史价值方面，对形成年代应给予合适的尺度，如中华人民共和国成立以来，在国民经济和社会发展中发挥过重要作用、有过重要贡献和影响的企业遗存，尽管其历史时间不长，也应在工业遗产中占有一席之地。对工业遗产地的各类不可移动现状遗存应进行准确勘察、测绘；对各类可移动实体档案应进行系统的发掘整理，并以文字、图纸、照片和录像等形式进行记录。不同工业领域的生产工艺流程具有多重价值，是工业遗产完整性和真实性的重要组成部分。其中的科学技术与人工技艺是重要的遗产资源，一旦失传不可替代，应详细记录并加以传授。

在对工业遗产的具体记录中，还应包括收集口述历史在内的信息。当事人的记忆是一种弥足珍贵的独特资源，应尽可能加以记录。同时应注意在昔日就业者中广泛征集可移动的工业历史文物，并纳入记录档案。综合上述记录成果，建立起完整的工业遗产记录档案，并将数字化及网上查询方式作为重要目标，以作为未来研究和保护工作的依据。工业遗产完整的外观特征和遗址保存状况应在受到任何破坏以前载入记录档案，因为如果在生产活动停止或者工业场所关闭之前做好记录，将可以获得并保留更为真实的信息。

另外，深入研究是科学认定的保证。工业遗产保护需要制订系统的研究计划，以通过对不同区域和不同类型的工业遗产调查，判别工业遗产的保护范围。有必要对工业遗产的历史沿革进行考察，我国工业化时间虽短，但是经历了复杂的发展过程，近代早期工业就有外资工业、民办工业和洋务工业等。中华人民共和国成立以后，不少企业又先后经历过私营、公私合营、国营、中外合资、股份有限公司等丰富的发展历程，通过分析上述演变过程，有利于工业遗产的科学认定和不同阶段的遗存和信息的保护。

保护工业遗产还需要对其曾有过的用途有透彻的认识，它们往往随岁月的流逝发生过变化，因此需要对每次变更都给予关注和评价，使工业遗产的真实性和完整性得到充分保证。工业遗产研究需要从事历史、建筑、工业设计等多领域专业人员的参与，同时，由于众多工业活动之间所具有的相互依赖性，需要通过不同工业领域研究成果的资源共享、协调行动以实现工业遗产的综合研究。

（2）工业遗产的立法和保护规划。在将工业遗产的保护纳入国家各项经济社会发展政策的同时，应将工业遗产保护纳入城市和地区的发展规划，调整完善工业遗产保护的各种社会关系。制定工业遗产保护专项规划是工业遗产保护的关键措施。为了找寻恰当的用途，必须首先通过制定包括管理政策在内的保护规划，确定场所的重要意义。保护规划将有助于界定场所的文化意义，并将它与未来的有关问题相联系。政策也能为某一场所的恰当用途提供建议，这些用途必须考虑诸如法规控制和经济可行性等其他因素。

编制工业遗产保护规划应注意与保护年代更为久远的文化遗产所采用的理论和方法之间的区别。特别是工业遗产在材料和结构方面的特点，为保护规划的编制工作带来新的挑战。对经认定具有重要意义的工业遗产应及时明确界定保护范围和控制地带，并应针对机械设备、地下设施、地面构筑物、综合性建筑群，以及整体工业景观制定相关保护规定，针对其未来适应性改动制定修复与合理利用导则。

鉴于工业遗产保护具有的公益事业性质，保护目标往往需要通过资金援助和税收激励来实现。要将工业遗产保护纳入各级政府的财政预算，确保基本保护资金的落实。除国家拨款支持外，还可以通过相关政策和奖励等手段对保护措施予以鼓励，同时出台有利于社会捐赠和赞助的政策措施，通过各种渠道筹集资金，促进工业遗产保护事业的发展。还应出台税收、财政、土地使用等鼓励社会力量参与工业遗产保护的经济、文化政策，引导社会团体、企业和个人参与工业遗产的保护与合理利用。

（3）工业遗产的抢救性保护。具有重要价值和意义的工业遗产一经认定，应当及时公布为文物保护单位，通过强有力的手段使其切实得到保护。工业遗产同其他文化遗产一样，具有不可再生性，只有认定和保护工作先行，才能防止对其随意废弃和盲目拆毁。因此，由各级政府按照法律程序核定公布为文物保护单位，有利于使工业遗产的价值得到社会各界和广大民众的认可。

工业遗产也应根据其价值大小和重要程度明确不同保护级别，列入相应级别的文物保护单位。国家则选择价值特别重大者列入全国重点文物保护单位，按照最高级别进行保护和管理。在公布各级文物保护单位的基础上，逐渐形成一个以全国和省级文物保护单位为骨干的各个时期和各种工业门类较为齐全的工业遗产保护体系。

对于列入文物保护单位的具有重要意义的工业遗产，应最大限度地维护其功能和景观的完整性和真实性，原状保护必须始终得到优先考虑。特别是在考虑适应性改动的过程中，要慎重对待工业建筑或机械设备的每一个组成部分。必须认识到，为满足当前需要而对其实施的任何拆改，或对某些附属成分或辅助设施的随意处置，都可能影响其整体风格和质量，使工业遗产的完整性和真实性受到伤害。在一般情况下干预行为应具备可逆性，产生的影响必须降到最低程度。必须实施的任何更改都应得到记录，被拆卸的重要元素也必须得到妥善保存。

当前应尽快甄别和抢救濒危工业遗产，以便采取措施降低其继续破坏的风险。对于已经面临危险的工业遗产，应迅速采取必要的补救措施，制订相应的保护修缮及合理利用的方案；必须注意到近现代工业遗产所用材料相对于历经风雨的古代文化遗产，往往性能寿命更短，老化的速度更快。没有适当的保护措施，体现工业遗产重要价值的一些因素就得不到妥善的保护。

目前，在发现问题和寻求可行的解决方案方面我们还缺乏经验，在一些领域至今还没有研究出能够实现长期保护目标的维护或修复技术。如在工业建筑中广泛使用的钢铁、混凝土、马赛克及化学材料等，在工业档案文献中广泛使用的纸质材料、感光材料、电磁材料和电子信息材料等多种物质载体的保护问题方面，还缺乏进一步的知识和技能，这对于工业遗产的保护来说无疑是严重的问题。因此，在保护工业遗产方面，我们同时需要应对实践和技术两方面的问题，需要组织跨学科、跨领域、跨部门的力量，分类研究保护工业遗产的办法。

（4）工业遗产的保护性再利用。工业遗产不是城市发展的历史包袱，而是宝贵财富。只有把它当作文化资源，人们才能珍惜它、善待它。更重要的是，通过持续性和适应性的合理利用来证明工业遗产的价值，会进一步使人们自觉地投入保护行列，并引导社会力量、社会资金进入工业遗产保护领域。吴良镛教授指出："城市中所谓'衰败地区'，由于地区物质环境的衰败等导致地方税收之减少与市政补贴之增加，做好城市更新，有助于提高地区的经济活力，复苏经济，增加城市的繁荣。"

工业遗产保护只有融入经济社会发展之中，融入城市建设之中，才能焕发生机和活力，才能在新的历史条件下，拓宽工业遗产保护的路子，继续发挥其积极作用并得到有效保护。保护性再利用是赋予工业遗产新的生存环境的一种可行途径。对于未列入文物保护单位的一般性工业遗产，在严格保护好外观及主要特征的前提下，审慎适度地对其用途进行适应性改变通常是比较经济可行的保护手段，才可为社会所接受和理解。在制订保护性再利用方案时，对于工业遗产中的每一区域和每栋建筑都应经过仔细甄别和单独评估，并在考虑它与整个遗址联系的基础上，确定其最恰当的用途。

同时，保护性再利用方案应对不同工业遗产地段和工业建筑设立明确的限制要求，新的用途必须尊重工业遗产的原有格局、结构和材料特色，维护原始的人流活动，并且尽可能与初始或主要用途兼容。当保护性再利用方案中的利用功能与工业建筑和用地的遗产价值明显不相适应时，应重新进行调整。并创造条件保留一定的能够记录和解释原始功能的生产区域，用于展示和解说曾有的工业生产用途。

我国悠久的农业社会文明，为世界贡献了数不清、看不尽的文化瑰宝。当我们走进各地的博物馆，看到最多的是青铜器、陶瓷、丝绸、书画、金银玉器等精美的手工艺品，本质上说，这些都是农业时代的遗存，代表的只是我们国家在农业时代创造的文明、对世界文明发展的奉献。可是我们却很少能够在博物馆中看到数量、规模上能与这些农业文明时代的文化遗存相当的工业遗产。尽管工业时代是离我们最近的历史时期，工业文明创造了巨大财富，对世界和人类生活产生了深远影响，但我们似乎忘记了给它们在博物馆中留出应有的位置。

在工业遗产保护性再利用上，我们不应把工业遗产作为商业性房地产开发项目，重点应该应用于文化设施建设。根据工业遗产原有产业及产品性质，设立各种门类的工业技术博物馆、厂史展示馆、企业纪念馆或专题博物馆是工业遗产保护利用的重要途径。如利用纺织厂房建设成为展示古代服饰、民族服装和国际时装的专题类的服装博物馆等。不过，A.麦格斯先生提醒道："事实上，任何一个地区能够保持活力的博物馆数量都是有限的，愿意参观博物馆的旅游者数量也是有限的。"因此，设立各种类型的博物馆只是保护工业遗产的方法之一。我们要保护大量工业遗产，就必须根据不同工业遗产的性质，探索更为合理而广泛的利用方式，例如美术馆、展览馆、社区文化中心等，也可以针对工业遗产建筑所特有的历史底蕴、想象空间和文化内涵，使之成为激发创意灵感、吸引创意人才、集聚创意产业的文化产业园区，开展美术创作、产品研发设计、科学普及教育等，这样既能体现出工业遗产特色，又能使公众得到游憩、观赏和娱乐。

另外，工业遗产旅游是一种从工业考古、工业遗产保护而发展起来的新的旅游形式。其特点为在废弃的工业旧址上，通过保护性再利用原有的工业机器、生产设备、厂房建筑等，形成能够吸引现代人了解工业文明，同时具有独特的观光、休闲功能的新的文化旅游方式。不过，其首要目标是在展示与工业遗产资源相关的服务项目过程中，为参观者提供高质量的旅游产品，营造一个开放、富有创意和活力的旅游氛围。

所以，工业遗产旅游通过寻求工业遗产与环境相融合，成为工业遗产保护的积极因素，从而促进对工业发展历史上所遗留下来的文化价值的保护、整合和弘扬。在工业遗产分布密集的地区，可以通过建立工业遗产旅游线路，形成规模效益。在旅游者为工业遗产地带来利润的同时，工业遗产管理部门也必须平衡每年大量游客给工业遗产带来的一些负面影响。

而对于大型和特大型工业遗产的保护，设立工业遗址公园可以成功地将旧的工业建筑群保存于新的环境之中，从而达到整体保护的目的。应对工业遗址公园及其环境进行统一设计，努力创造和设计出既属于现在和未来，同时也记录和体现过去工业成就的空间形态，在传统中融入新的形式和功能，使工业遗址公园充满浓厚的文化气息。工业遗址公园内几乎所有的景观都可以向公众开放，通过引导式通道、视听同步装置、位置图、出版物和光盘逐步进行讲解和说明。

（5）工业遗产的宣传与教育。公众的关注和兴趣是做好工业遗产保护工作最可靠的保证。如果没有全社会对保护工业遗产重要意义的广泛共识，说服公众认可工业遗产的多重价值是很困难的，工业遗产将依然面临危险。一些国家和地区的成功经验显示，要想获得所期望的公众支持，就要使人们分享对工业遗产认定、记录和研究方面的知识和兴趣，因此宣传和教育非常必要。

所有已经认定的工业遗产清单，均应及时向社会公布。文化遗产保护机构要经常举办论坛、讲座等学术活动，对工业遗产的意义和价值进行积极地介绍，使公众更多地了解工业遗产的丰富内涵。工业企业的在职或离退休人员在工业遗产的认定和保护中可以发挥不可替代的重要作用，他们是工业遗产保护中不可或缺的力量。他们对企业和职业的忠诚与眷恋将使工业遗产的形象更加鲜活，他们的现身解说可以帮助更多的人参与工业遗产的保护行动，形成保护工业遗产的良好社会氛围。

专业性工业技术博物馆和处于妥善保护和开放状态下的工业遗产地都是宣传工业遗产价值和保护事业的重要场所。场所要保证社区居民和参观者方便接近工业遗产，利用各种类型的工业建筑和丰富的工业文物精心设计各类专题展览，提高博物馆或遗产地的展示水平，使学术性、知识性、趣味性、观赏性相统一，在具有独特氛围的场所中向观众直接形象地展示相关工业的发展历程，展示企业和产业工人的历史贡献，展示工业社会生活的某一个方面。这些工业遗址和工业文物会使工业遗产的形象更加生动活泼，从而吸引更多的观众前来，起到更好的教育展示作用。

近年来，随着信息技术的高速发展，工业遗产宣传展示的途径和手段获得极大的丰富。工业遗产还要借助各种现代传播手段，采取多渠道的形式来展示、宣传工业发明创造，使不同年龄、学历背景、职业背景的人群都能通过电子出版物、互联网及其他媒体方式获得工业遗产的知识。

例如，随着工业遗产保护利用越来越受到关注，对于工业博物馆的讨论也越来越多，尤其是对生产设备、工具、产品、档案等可移动的工业遗产保护展陈的需求也日渐增多。但是出于访问者和展品的安全性，以及成本等诸多因素的考量，很多展品无法在实体馆实际运行，仅有一部分可以通过声光技术模拟，但模拟力度也有限，如果使用虚拟线上展示，则受限较少。

大数据时代，访问者对线上资源的认可程度很容易从访问数量、点赞量、回访量等形式得到实时反馈。大众对于某一博物馆或某一展览路线的认可程度，可以成为优化调整展览路线的依据。不过，网上博物馆的实施仍面临诸多挑战。虽然已有相当数量和体量的文化遗产完成了数字化，但是工业遗产往往部件更多、精密程度更高、功能性更强，其数字化的难度和成本也较高。然而，随着不断迭代的数字化技术和不断深入的 5G 网络建设，挑战会转化为机遇，那些记录时代发展的工业展品，也将有机会在网上博物馆中放射出光芒。[1]

为了使全社会更多地了解保护工业遗产的意义，教育部门负有重要责任。应将有关内容纳入教学计划，从小学、中学开始传播关于工业历史和保护工业遗产的知识，针对中小学校教育为学生编写具体教材。近代以来，我国涌现出大批富有创业精神的优秀企业和杰出企业家，孕育了具有鲜明地方特色的工商文化，凝聚为一种务实创新、包容并蓄，励精图治、锐意进取，精益求精、注重诚信的特有品质和人文精神，这些都应进行深入挖掘和整理后纳入教材。

学校应组织学生参观工业遗产学习活动，通过工业遗产中蕴含的伟大智慧和创造力，激发青少年的爱国热情，增强民族自豪感和自信心。高等教育则应在技术学院和综合大学中开设关于工业遗产保护的方法、理论和历史方面专业教育的课程。如美国密歇根理工大学社会科学系设有工业考古学专业，并开设了工业考古学硕士和博士课程，受到青年人的欢迎。此外，工业企业应该是工业遗产的保护主体和重要力量，有必要增强工业遗产保有者和使用者对这类特殊遗产的保护意识。

吴良镛教授指出："城镇中有着古老的东西，但每年每月都在不

---

[1]　马雨墨.网上工业博物馆大有可为.人民日报（海外版），2020-03-30.

断地产生着新的建筑与设施。今天的新事物，若干年后又成为陈迹，并随着时间的洗练，有些遗存又成了具有一定历史价值的标志。城市永远处在不断新旧交替之中，外观上也是古今并存的，是由基本上属于不同时期、不同地区、不同风貌而构成的，反映了该地区的历史文化和时代特征"。他认为，"文化本身是不断形成的，发展的，动态的，永远在延续、创新的过程之中"。工业遗产亦复如此。

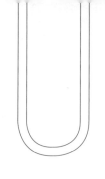

解码历程，
工业遗产在中国

在工业文明以前的农业社会发展过程中，中国为人类贡献了许多不可缺少的重大发明。在相当长的历史时期，中国发明家引领着技术创新的潮流。从春秋时期到宋代，1800 年间中国发明家走在世界前列。例如公元前 600 年，古代中国人发明了液态生铁冶炼技术，用极其聪明的办法使铁矿石源源不断地变成铁，使人类迅速进入铁器时代；再如约公元前 300 年，古代中国人发明了深井钻探技术，使人类能够获取深藏在地下的资源……没有一个历史学家能够轻视中国古代四大发明对欧洲文明进程的深远影响。对欧洲来说，无论是地理大发现、文艺复兴，还是走出中世纪进入现代社会，中国古代的发明都起着至关重要的作用。[①]

---

① 张开逊.理解发明.科学文化评论，2006，3（1）：98–106.

相互"碰撞"：中国工业遗产的"去留"

"中国最早的工业化思想可以追溯到 1840 年鸦片战争失败之后以洋务运动为代表的近代工业思想，洋务运动标志着中国工业化的开端"。19 世纪末，中国开始接触西方的自然科学和工程技术，近代科学知识和产业革命中诞生的新技术逐渐进入中国。中国近代工业始于清末的"洋务运动"和民族资本家、实业家的崛起，大批官办、商办、官商合办企业兴起。对历史人物的研究是发现工业遗产的重要途径。在中国近代工业发展中，起到了重要历史作用的重要历史人物包括李鸿章、张之洞、曾国藩、左宗棠等；重要的实业家包括范旭东、张謇、卢作孚等；重要的科学家、工程师包括詹天佑、侯德榜、茅以升、梅旸春、徐建寅等。天津、上海、武汉等城市的工业遗产研究也必定离不开对这些重要人物的研究。

随着中国封建经济结构逐渐解体，资本主义生产方式的产生和发展，必然导致中国经济社会的近代化。中国进入半殖民地半封建社会后，大批外商在华兴办企业，如中东铁路建筑群的修建。工业的发展对于我国近代城市的转型也起到了多方面的推动作用，一是促进一部分通商口岸从商业城市演变为工商业综合性城市。这些城市随着工业的集中而成为近代中国最重要的工业基地。二是促使一部分历史性城市开始从封建都邑的农业文明向近代工业文明的转型，在城市中出现了成片的工业厂区。三是诞生了一批新兴的民族资本工业城市。

从 1840 年到 1949 年的 100 余年间，中国先后出现了上百个近代城市。虽然辛亥革命后中国也逐步形成了一些现代工业的基础，但是几经战争破坏，到 1949 年几乎没有留给新中国多少经济遗产。中华人民共和国成立后，中国工业还经历了苏联和东欧社会主义国家援建时期，如北京的 718 联合厂；经历了改革开放技术引进时期，如首钢在不同历史时期进口的二手设备。虽然这些技术、设施设备、厂房建筑、生活设施不是中国的自我发明，但它们记载了中国工业从无到有、发展壮大、产业升级的历史过程，具有重要的工业遗产价值。

　　1949 年至 1978 年，是中国在计划经济体制下的社会主义工业化道路时期，这个时期工业化战略的特征是政府作为投资主体、国家指令性计划作为配置资源的手段、封闭型的重工业优先发展。经过近 30 年的工业化建设，中国逐步建立了独立的、比较完整的工业体系和国民经济体系，打下了较好的工业基础，特别是重工业基础。

　　20 世纪 70 年代的工业化进程，给中国这个古老的国度带来了历史性巨变，中国的工业化水平实现了从工业化初期到工业化后期的历史性飞跃，中国的基本经济国情实现了从落后的农业大国向世界性工业大国的历史性转变。这两大巨变表明，中国已经在实现中华民族伟大复兴的中国梦征程上，迈出了决定性的步伐。

　　经过 20 世纪的风风雨雨，中国在百余年间走过了西方数百年的历程，由农业文明社会步入现代社会，这对中国、对世界而言，无疑都是惊天动地的事件。中国成功开启并快速推进的工业化进程，具有伟大的世界意义。沉寂数百年之后，充满生机的中国屹立在世界的东方。

跨入 21 世纪，中国在众多领域的科学发明和工业成就，已经成为人类社会的宝贵财富。在辽阔的国土，兴建了一批新的工业基地，国防工业从无到有逐步建设起来，特别是成功发射"两弹一星"，巩固了国家政权稳定，铁路、公路、水运、航空和邮电事业都有了很大的发展。

我国工业发展迅猛，但工业社会时代开始的时间较晚，工业发展的历史曲折而复杂，人们对工业遗产保护的认识需要一个接受的过程。21 世纪初的 10 年，也是中国工业遗产保护从无到有，从艰难起步到星火燎原再到发展壮大的 10 年。随着城市化步伐的逐步加快，产业结构的调整、工业企业的搬迁，对于工业遗产拆与保、遗弃与利用之间也存在着激烈的碰撞。

在中国，工业遗产关注的主要历史时期是 19 世纪后半叶近代工业诞生以来至现代这一时间跨度，但也不排除对工业萌芽时期的研究。如中国洋务运动以来的中国民族工业，以及中华人民共和国成立以来的现代工业，这些时期都留下了各具特色的工业遗存，构成我国工业遗产的主体；如抗战时期，中国企业内迁，促进了重庆工业迅速发展，建成包括民用和军工企业在内的门类比较齐全的战时工业基地。但是，许多工业建筑在城市建设和产业结构调整中被拆除，工业遗产在快速消亡，城市也逐渐失去原有特色。

我国进入工业社会时代的时间不长，在我国现代工业每时每刻都面临着技术更新、转产和现代化的大背景下，工业建筑和设施往往被视为持续发展的障碍。长期以来，一些城市的决策者认为，被废弃或即将停产的工业场所代表着过时和落后，"因为它们创造的景观看起来像自然灾害或历史失败的象征"，是属于肮脏丑陋、有碍观瞻、毫无价值的存在，从而惨遭拆除的厄运。而城市工业用地更新也往往采取推倒重来的方式，他们认为，从生产领域淘汰下来的内容是废弃物，曾有过噪声、粉尘、有害气体等污染，是城市及企业进一步发展的包袱，应将它们彻底拆除清理，代之以新的开发项目。而大众也普遍认为，工业场所只是生产加工和劳动就业的地方，难以想象应把它们作为文化遗产列入保护之列。鉴于以上认知，保护工业遗产带有抢救性意义，必须尽快制定全面的工业遗产保护战略。其中如何评估这些珍贵遗产，并将其妥善保护、永续利用，成为工业遗产保护领域一个极为紧迫的问题。

在此过程中，随着城市化步伐的加快，对工业遗产在拆除与保护、遗弃与利用之间存在着激烈的碰撞。对于各地遗留下来的大量工业遗产，是为了眼前暂时的利益，通过卖地增加财政收入，改善城市面貌重要？还是将其妥善保护、永续利用，为后代留下一个历史纪念物更重要？这种碰撞不仅存在于个别地区，而且普遍存在于具有工业遗产资源的众多城市。

例如，2006年，沈阳市政协组织的调研小组"对全市129家1965年以前建厂的大、中型企业进行调查，结果表明：工业文物尚存的企业仅有36户，其中包括19世纪30年代以前沈阳民族工业时期的一些遗存、日伪时期工业遗存、中华人民共和国成立后国民经济恢复发展时期和国家'第一个五年计划'时期发展起来的工业遗存",有工业遗存的企业还不到 1/4。[①]

而在对城市工业遗产的调查中，"工业考古"式的调查是对工业遗产开展认定、记录和研究工作的基础，其重要性已经得到普遍认同。例如，针对北京首钢工业遗产的保护与再利用的研究，有必要对首钢的历史沿革进行深入研究。首钢经历了复杂的发展过程，中华人民共和国成立前经历了官商合办、日军侵占、国民党政府接管等多个历史时期；中华人民共和国成立后又先后经历国营、承包、集团公司等丰富的历程。通过分析上述演变过程，有利于工业遗产的科学认定和不同阶段遗存和信息的保护。

保护特色：中国工业遗产保护进程的不断深入

由于中国各地城市在加速发展和产业结构变迁过程中，会对影响城市功能布局、影响居民生活环境及有重大改扩建项目的工业企业进行调整规划，故而越来越多的老工业项目停产、转产。这些工业企业会留下土地及废弃的建筑、设备等，如何处理这些工业遗产是一个必然面临的问题，简单地推平重建显然已经不能适应当代城市发展的要

---

① 蔡玉高，杨守勇. 工业遗产：一张正在消失的"城市名片". 浙江日报，2006–11–26.

求。工业遗产面临的重要抉择，成为既紧迫又不可回避的现实问题。

我们看到，由于大量传统工业先后遭遇行业衰退和逆工业化过程，于是转让土地使用权，用转让资金安置分流人员，清理债务，投资发展，几乎成为这些企业唯一的出路。同时在巨大的城市空间发展需求和土地供给日益短缺的压力之下，处于城市中心和近郊的工业用地早已成为令人注目的开发对象，伴随"退二进三""退城进园"的实施，关、停、并、转后的工业旧址和厂房成为废弃和提前拆除的对象，也成为房地产开发商追逐利润的难得的发展空间。

在这一背景下，昔日的厂房和设施往往成为平衡开发成本的牺牲品，遭到拆除和损毁的命运。一些企业为了有限的商业利益，不惜将一些经历战争磨难和文化浩劫而幸存下来的优秀工业遗产遗弃或拆毁。这种不顾资源环境的保护和子孙后代利益的短视行为时有发生，导致工业遗产日渐减少，使我国部分工业文明初期的见证和记忆永远从人们的视线里消失。从城市角度而言，烟消尘散后留下了城市记忆的空洞，也造成城市形态、城市面貌和城市文化的趋同化。

不过，随着人们对工业遗产的认识逐渐深入，保留和保护工业遗产正在成为共识。因为人们逐渐认识到工业遗产也是具有生命的，尽管它的出生、成长、衰老和死亡是必然的历程，但是它的生命可以以另外的方式延续下去。今天的济南市还在为当年拆除济南老火车站而懊悔不已，甚至因此一度提出复建的计划。所以保护优秀近代建筑、保护工业遗产不但是为了保持人类文化的传承，培植社会文化的根基，也是维护文化的多样性和创造性，促进社会不断向前发展。正像我们曾经不文明地对待文物古迹和历史文化街区一样，人们在毁掉工业社会时代留下的文化遗产同时，也逐渐慢慢认识到作为人类智慧结晶的工业遗产也应该得到保护。

但是，我国工业遗产保护与发达国家相比已经滞后。同时，与其他文化遗产类别相比，工业遗产的价值长期被忽略。由于大量的工业遗产没有纳入文物保护之列，全国范围内的工业遗产不断受到毁灭性的威胁。尽管近年来一部分工业遗产开始被列入保护之列，但是受法律保护的工业遗产项目仅占应纳入保护内容中的很小一部分，而大部分城市，特别是一些传统工业城市，尚未将工业遗产保护纳入文化遗产保护范畴，缺乏对工业遗产的总体评价。

2005年10月在中国西安召开的国际古迹遗址理事会第15届大会暨国际科学研讨会上，将2006年"国际古迹遗址日"的主题确定为"产业遗产"，后定名为"工业遗产"，表明世界文化遗产中的工业遗产越来越受到人们的重视，标志着国际工业遗产保护新阶段的开始。从工业遗产中我们可以看到技术进步的脉络，其中既有改进和创新，也有失败或弯路，这些都为后人提供了可以借鉴的经验或教训。工业遗产可以直观地反映出工业文明的发展历程，成为人类社会发展不可或缺的物证。

2006年4月18日"国际古迹遗址日"的主题是"聚焦工业遗产"，成为中国工业遗产保护的诞生日。这一天，由国际古迹遗址理事会、国家文物局、江苏省文物局和无锡市政府联合举办"中国工业遗产保护论坛"，百余位中国文化遗产保护领域的专业人士和来自全国各工业城市的代表们汇聚中国近代民族工业发祥地之一的无锡，共同探讨我国工业遗产保护的现状与对策，论坛通过的我国首部关于工业遗产保护的共识文件《无锡建议》，将我国工业遗产保护问题提上议程，标志着中国工业遗产保护、管理和研究进入一个新阶段。

《无锡建议》向社会各界发出号召，工业遗产是整个人类文化遗产的重要组成部分，在城市化加速进程中应加以善待。这为工业遗产保护与再利用带来了重要转机。2006年5月国家文物局下发《关于加强工业遗产保护的通知》，在国家层面拉开了中国工业遗产保护的序幕，掀起了中国工业遗产保护的高潮。

2006年，国务院公布了第六批全国重点文物保护单位名单，在继续将一批古代冶铁遗址、铜矿遗址、汞矿遗址、陶瓷窑址、酒坊遗址和古代造船厂遗址等列入保护单位的同时，引人瞩目地将黄崖洞兵工厂旧址、中东铁路建筑群、青岛啤酒厂早期建筑、汉冶萍煤铁厂矿旧址、石龙坝水电站、鸡街火车站、钱塘江大桥、南通大生纱厂等一批近现代工业遗产纳入保护之列。加上之前列入的大庆第一口油井、青海第一个核武器研制基地旧址等，有十几处狭义概念的工业遗产成为全国重点文物保护单位。

大生纱厂由我国近代著名实业家、教育家张謇创立于1895年，是我国近代民族工业史上具有代表性的企业。1895年至1925年在张謇推动下，南通为了发展近代工业和航运，开辟了新工业区和港区，建立了多核心的城镇体系，旧城内辟商场、兴学校、建博物馆、修道路，进行了近代市政建设。目前，大生纱厂遗存保留有清花间厂房、钟楼、公事厅、纺织专科学校旧址、实业小学教学楼、仓库，以及护厂河、大生码头遗址等一批珍贵的工业遗产。不过，南通城市中应当有更多的工业遗产尚待深入挖掘和保护，"中国近代第一城"的提出，也对南通近代工业遗产的保护给予了有力的促进。

青岛啤酒厂的前身是日耳曼啤酒公司青岛股份公司，创建于1903年8月，是我国第一家且持续经营至今的啤酒厂，设计生产能力是每年产量2000吨，为当时亚洲最大最先进的啤酒企业。工厂昔日的综合办公和酿造生产用房至今保存完好，并且在保护维修的基础上，还筹建了青岛啤酒博物馆，于2003年8月青岛啤酒厂百年华诞之际对外开放，为挖掘城市文化潜力、传承地域历史传统搭建了平台。

汉冶萍煤铁厂矿旧址是我国现存最早的钢铁工业遗存，1890年由湖广总督张之洞创办。曾经是我国近代最大的钢铁煤联营企业，也是我国近代工业化发展进程的重要见证。1915年前的一段时间，该企业的钢总产量几乎占中国钢铁产量的100%。目前，旧址包括了冶炼铁炉、高炉栈桥、日欧式建筑群、瞭望塔、卸矿机、天主教堂等众多工业遗产。正是因为完整地保护了丰富的工业遗存，因此汉冶萍煤铁厂矿具备申报世界文化遗产的条件。

城市工业遗产保护作为历史文化名城保护、不可移动文物保护和优秀近现代建筑保护的重要内容，应该按照文物保护管理办法，纳入相关的规划管理当中，丰富保护内容，扩大保护范围。对于那些因矿建城、以工业为主要城市特色、工业遗产资源特别丰富的城市，可以评为"历史文化名城",如大庆、攀枝花等城市;对于城市中工业企业特别集中、工业风貌特征特别突出的传统工业区,可以评为"历史文化街区",如苏州阊门地区等。

2009年6月,为进一步加强我国工业遗产的保护利用工作,由国家文物局主办,上海市文物管理委员会承办,全国工业遗产保护利用现场会在上海召开。

越来越多的专家、学者也投身到工业遗产的调查研究和保护工作中来。2010年11月,中国建筑学会工业建筑遗产学术委员会在清华大学成立,这是我国工业建筑遗产保护领域的第一个学术组织。同日,"中国首届工业建筑遗产学术研讨会"召开,与会代表一致通过了《抢救工业遗产——关于中国工业遗产保护的倡议书》,呼吁全社会共同关注,抢救推土机下宝贵的工业遗产。工业遗产保护进程受到社会各界越来越多的关注。

"保陈更新":中国工业遗产保护与再利用的代表城市

我国工业化以来,形成了许多新的城市,例如哈尔滨、长春、郑州、石家庄是"火车轮子拉来的城市",上海、大连、青岛、秦皇岛是"港口通航形成的城市",唐山、鞍山、玉门、大庆、平顶山、萍乡是"矿山开采形成的城市"。矿山、工厂、井架、火车头、港口是这些城市的历史符号,是老一辈人抹不去的记忆,很多家庭连续几代人都在一个厂矿中工作。这些厂矿是市民的"根"，城市的"源"，也是文化的"脉"。

上海在工业遗产再利用方面的实践，一直走在全国前列。在上海，20世纪90年代大量工业用地转化为商业用地，进行房地产开发。一些项目在开发过程中因遭遇亚洲金融危机而搁浅，只好将工业厂房暂时外租，于是一些艺术家开始进驻，这里除了让他们感到价格便宜、使用方便外，也感到了工业遗产的特殊魅力。一些旧工业遗产再利用项目也就应运而生，例如前身为上海春明粗纺厂的M50创意园等。2005年前后，上海已经有100个左右创意产业园区，其中85%以上是旧工业厂房的再利用。虽然也有一些新建的创意产业园区，但是艺术家们反而更愿意进驻旧工业建筑遗产空间发展事业。

上海杨树浦一带坐落着我国最早的煤气厂、发电厂、自来水厂等，还有许多早期工业旧址。其中，煤气厂前身是上海最早创办的大英自来火房（后改名"上海英商煤气公司"），其炭化炉房是中国最早的钢铁结构厂房建筑；发电厂是上海历史最久的火力发电厂，有当时中国最大的吊车吨位车间；自来水厂前身是英商上海自来水公司，为上海最早使用水泥和混凝土的工业建筑。随着对工业遗产的认知不断加深，杨树浦一带传统市政工业区将在新一轮的规划中得到妥善保护和合理利用，使城市文脉得以延续。

上海的苏州河，曾承担过繁重的工业原料、能源和产品的运输功能，沿河两岸的厂房、仓库、码头等工业遗迹，记载了城市百年产业兴衰，成为城市独特的精神载体。随着航运功能的不断淡化，苏州河实施整治工程，在维护历史风貌的基础上，对这一历史地段的功能重新定位，沿河的传统工业建筑群逐渐成为建筑设计、广告策划、艺术展示等业态的聚集地。《中国建设报》报道，截至 2004 年年底，上海已为市中心的 400 万平方米的老厂房招来 5000 个新"房客"，加上 100 万平方米配套用地，使老厂房每年可创造税收租金 15 亿元，提供就业岗位 10 余万个，盘活国有资产 80 多亿元，投入放大效应超过 10 倍。

在无锡，市政府发出了《关于开展工业遗产普查和保护工作的通知》，对工业遗产普查和保护进行了全面部署，采取"条块结合"的办法，即文化、规划、经贸、档案等部门和资产经营公司，以及各级政府联合对工业遗产开展普查。目前，已将 48 处近代民族工商业史迹列入市级文物保护单位，成为城市发展的重要文脉和体现城市个性的显著特色。在无锡博物馆中收藏保存了 600 余件有关工业遗产的实物资料，其中很多属于民族工业遗产中的可移动文物，具有较高历史价值和科学价值。

同时，通过调查统计，无锡市建立了市属企业的 70 多万卷工业档案，掌握了工业遗产资源的底数；组织编制《无锡市工业遗产保护专项规划》，确立了"护其貌，显其颜，铸其魂，扬其韵"的工业遗产保护思路。根据规划将形成一条具有地域特色的工业遗产人文景观带；利用两处工业厂房分别建设中国民族工商业博物馆和中国乡镇企业博物馆；选择三处工业厂区进行以产业结构调整为重点的功能置换，分别创办艺术设计园、工业设计园和文化产业园；利用工业遗存，建设无锡历史上享有盛誉的四大支柱行业博物馆，即米市博物馆、纺织博物馆、丝绸博物馆和钱业博物馆。

成都市在初步摸清优秀近现代建筑家底的基础上出台了《成都市优秀近现代建筑保护规划》，"根据规划，成都市将近现代建筑的时间截止到 1976 年，30 年以上的优秀建筑都被纳入了保护范围。每一座符合标准的老建筑都将获得一个'身份卡'，标注具体地址、占地面积、整体风貌、目前保护状态等信息"。包括传统工业建筑在内的近现代建筑将通过科学的鉴定进行分级，并根据价值纳入相应级别的文物保护单位实施保护。

苏州市发起"古城寻宝"文物普查活动，寻访有一定价值的近现代建筑，其中包括寻访与近代民族工业有关的代表性建筑。通过评估后，一部分工业建筑被公布为市级文物保护单位或控制保护建筑。苏州市还同时采取工业遗产区域整体保护模式。阊门地区曾是苏州最繁华的工商业区，拥有大量价值较高的工业建筑和企业管理人员寓所。苏州市政府将此区域增列为历史文化街区，并对其保护范围进行了扩展。

杭州市近年来对工业遗产保护抢救力度不断加强。2005 年相关部门将通益公纱厂旧址、富义仓等工业遗产申报公布为浙江省文物保护单位，并将浙赣铁路局旧址、国家厂丝储备仓库等工业遗产也纳入文化遗产保护之列，积极组织编制修缮方案。在对工业遗产保护逐渐形成共识的形势下，一批工业遗产得到了积极保护和合理利用。

乐山市政府于 2006 年国际古迹遗址日举行了"嘉阳小火车·芭石铁路"成为市级文物保护单位的庆典仪式。芭石铁路全长 19.8 千米，建于 1958 年，嘉阳小火车是四川嘉阳煤矿运送生活物资和接送相关人员的工作车，作为当今世界唯一还在正常运行的蒸汽窄轨载客火车，以其不可再生性和独特性，无可争议地成为工业革命的"活化石"。这一工业遗产的有效保护，也使当地民众广泛受益。

转型升级：重推老工业城市

2013 年 3 月，国家发改委下发《老工业区搬迁改造实施方案编制大纲（试行）》，要求涉及城区老工业区整体搬迁改造的省区市发改委组织编制《老工业区搬迁改造实施方案》，提出的主要任务是"重点推进 120 个'老工业城市'的老工业区大中型国有企业实现转型升级，对搬迁腾退出的区域实施棚户区改造、进行公共基础设施建设和生态环境治理，完善和提升城市功能，解决民生问题"。虽然实施方案工作的重点不是工业遗产的保护与利用，但是实际工作中牵扯到了很多腾退出的老工业厂房和其他相关建筑等的再利用问题。

近年来，我国在政府层面持续推进工业遗产保护与利用。2017 年 12 月，由工业和信息化部（简称"工信部"）公布了第一批《国家工业遗产名单》。2018 年 11 月 5 日，工信部又颁布了《国家工业遗产管理暂行办法》，并在 2018 年 11 月、2019 年 12 月和 2020 年

12月，分别公布了第二批、第三批和第四批《国家工业遗产名单》。在前四批《国家工业遗产名单》中，共确定了166项"国家工业遗产"项目。另外，中国科学技术学会（简称"中国科协"）于2018年1月和2019年4月，分别公布了第一和第二批《中国工业遗产保护名录》，共200项，项目内容与《国家工业遗产名单》中的项目基本重合。

2020年6月，国家发改委向120个老工业城市的发改委下发了一个由国家发改委同工信部、国务院国资委、国家文物局、国家开发银行联合印发的《推动老工业城市工业遗产保护利用实施方案》，要求这些城市的发改委组织编制《推动老工业城市工业遗产保护利用、打造"生活秀带"工作方案》，提出的主要任务包括"开展资源认定管理、推进重点保护展示、完善工业博物馆体系、繁荣新业态新模式、拓展文化生活新空间、塑造城市文明新形象"。

这些内容可以概括总结为以矿山、厂房（生产与动力车间）、构筑物（包括生产的设施）、仓储与货栈、交通运输与基础设施（铁路、公路、车站、码头等）、机械设备、相关建筑物（办公、住宅、俱乐部、医院、疗养院、宗教与礼制建筑等），以及非物质文化遗产等内容为依托，打造工业遗址公园、城市休闲公园（包括生活与生态岸线）、工业遗产博物馆、美术馆与展览馆、文化创意产业园区、影视拍摄基地、其他生产与消费性服务业场地等，即工业遗产再利用的主要领域和方向。内容还提出要明确"工作思路、目标任务、重点项目、保障措施等"。

综上可知，当前我国工业遗产的基本特点，一是单个项目体量大，无论是占地面积还是建筑面积，一般规模都较大；二是总体体量很大、内容与形式相对单一、分布不均衡，并且与老工业城市自身的体量并不匹配。另外，有些工业遗产项目本身属于全国重点文物保护单位或省级文物保护单位，并且正在正常使用当中，也有一些工业遗产项目并没有受到关注。国家出台的《推动老工业城市工业遗产保护利用实施方案》的重点是突出"再利用"，这一重点符合我国工业遗产的实际情况，因为我国工业遗产体量庞大，除列入文物保护单位的工业遗产外，若都像对待文物那样"重保护"，无疑会造成巨大的资源浪费，而且也不可行，"再利用"才是重点。

"怎样建设首都"：北京城市规划下的相关布局

一个城市的发展，是城市变化增长的过程。在量的方面，表现为城市规模的扩大，城市所辖区域不断外延；在质的方面，表现为城市功能的不断提升，现代化水平的不断提高，从第一产业、第二产业向第三产业升级。在技术、物流、土地级差的驱动下，原本在城市中占地大、能耗高、污染重、利润低的传统工业区陆续关闭或外迁，而新型占地小、能耗低、环境友好、利润高的高附加值部门在城市不断聚集。

历版北京城市总体规划经历了由"生产性城市、人口和功能集聚发展"到"弱化经济职能，以资源环境为约束"来谋求高质量发展的过程。在计划经济时代，北京根据"将消费的城市变成生产的城市"的方针和成为"强大的工业基地"的目标，一度承担了大型工业发展的重要职责，从西部的首都钢铁厂和燕山石化公司，到东部的电子城和纺织城，都曾是我国现代化工业的龙头和重要基地，这些环布在城市周边的大型和特大型企业见证了那段不寻常的历史。

1982 年版的北京城市总体规划进一步强化首都职能、中央对北京事权的领导，新一版北京城市总体规划又再次强调北京规划属中央事权。这一过程不断深化了对首都的认识，并不断深化从国家战略角度对首都功能定位的认识。从空间发展来看，北京从最初"依托旧城向四郊发展"转变为新一版北京城市总体规划中提出的区域协同发展，特别是要建设城市副中心，紧跟区域发展要求。如今结合新时代发展要求，按照习近平总书记视察北京时的指示，北京城市整体规划在转型发展时期对全国起到示范引领作用。

从整个北京城市规划发展历程来看，有一个永恒的主题，即建设一个什么样的首都，怎样建设首都？北京要履行好"四个服务"基本职责，包括为中央党、政、军领导机关的工作服务，为国家的国际交往服务，为科技和教育发展服务，为改善人民群众生活服务；要落实"四个中心"的战略定位。北京要把握"四个关系"："都"与"城"、"舍"与"得"、疏解与提升、"一核"与"两翼"，特别是要处理好"都"与"城"的关系，以"都"的功能谋划"城"的发展，同时通过"城"的更高水平发展保障"都"的功能。

从新时代的发展转型来看，北京经历了从工业文明向生态文明时代转变。首都在快速发展中也面临着严峻的人口资源环境压力。转变发展方式、优化经济结构、转换增长动力，实现自我约束下的高质量发展和高品质生活，成为新时代首都规划建设和发展的重要战略性任务。就用地结构的调整而言，压缩生产空间规模，适度提高居住及其配套用地比重，大幅度提高生态规模与质量。

就空间结构的调整而言，北京市空间规划确定了"一核一主一副，两轴多点一区"的结构。其中，"一核"是以老城为主的东、西城范围；"一主"是城六区；"一副"是城市副中心；"两轴"是指中轴线和长安街及各自的延长线；"多点"是平原新城所在的区域；"一区"就是山区的部分，即生态涵养区。通过这种空间结构进一步强化首都的核心功能，突出非首都功能的疏解与承接关系，同时强调生产保护和区域的协调发展。

我国工业建设经历了70多年的努力，已经形成了大中小企业相结合、品种齐全、地区分布合理、完整的工业体系。工业建筑设计无论在理论还是实践上都取得了举世瞩目的成就。2001年中国加入世界贸易组织（WTO）以后，迎来了新世纪的新挑战。许多曾为国防建设、经济建设、文化建设立下汗马功劳的大型企业和工业基地随着改革开放的深入，为继续发挥更大的作用，面临更新改造；许多老厂区、老建筑也都面临着拆迁、改扩建或转产、更新改造的局面。不同的地区，不同的企业都在寻求一条适合自身条件的发展道路。

为了建设商务中心区，当时大北窑的北京金属结构厂整体拆迁，城市东部地区的许多机床厂、纺织厂等也都纷纷停产拆迁。通过大拆大建，形成新的商业、居住、办公综合地区。据相关统计，1985年至2005年，北京中心城工业企业搬迁286家，置换工业用地12.07平方千米。在整个工业企业转产和搬迁中工业遗产保护始终未提到议事日程上来。直到2006年首钢、北京焦化厂实施搬迁进行规划调整时，开始重视工业遗产，进行工业遗产的研究，包括工业遗产的概念、构成、价值、保护与再利用方法等。北京工业遗产保护也受到人大代表和政协委员的广泛关注，他们通过两会提案，强烈呼吁对工业遗产进行保护。

2005年3月北京市人大常委会在审议《北京历史文化名城保护条例》草案时，一些代表提出北京东郊的纺织城等建于50年代的大型企业，应该作为北京工业化阶段的历史遗迹加以保护。因为这些大型企业都记载着北京经济振兴的历史，是中国纺织工业发展的一个缩影。目前，它们随着北京产业结构的调整和城市建设的发展已经停产或者即将搬迁，这些企业有特色的工业建筑应该予以认定，并纳入历史文化名城保护范围。保护它们意味着铭记历史，振奋民族精神，传承新中国产业工人的优秀传统和品德。为此，北京市重新进行了规划定位，将其规划为一个重要的文化区域。

随后，北京地区越来越多的物质与非物质工业遗产列入保护。例如，民国财政部印刷厂旧址、平绥西直门车站旧址、京奉铁路正阳门东车站旧址、四九一电台旧址、天利煤厂旧址等工业遗产被列入文物保护单位；北京自来水厂近现代建筑群（原京师自来水股份有限公司）、北京铁路分局基建工程队职工住宅（原平绥铁路清华园车站）、双合盛五星啤酒联合公司设备塔（原双合盛五星汽水啤酒厂）、首钢厂史展览馆及碉堡（原首钢厂办公楼及碉堡）、798近现代建筑群（原798工厂）等工业遗产，被列入北京优秀近现代建筑保护名录；象牙雕刻、"聚元号"弓箭制作技艺、荣宝斋木版水印技艺、景泰蓝工艺、雕漆工艺、同仁堂中医药文化等工业遗产，被列入非物质文化遗产保护项目。

　　同时，北京市制定了利用部分旧厂房置换新产业、推进创意产业园建设的规划。相对于过去企业"搬迁—卖地—拆房—新建"的模式而言，发展创意产业无疑是为企业搬迁调整开辟了一条新的途径。如果只搬不拆，搬迁后的废旧厂房正可以显示其优越的地理位置，宽阔高大的内部空间和独具特色的建筑个性，为创意产业提供个性化的生存环境。面对新的形势，北京市格外需要工业遗产保护的成功实践。

　　之后，伴随着新一轮的北京城市总体规划获得国务院批复，以及北京2008年奥林匹克运动会的临近，一批传统工业区纷纷进入了停产、搬迁、改造的阶段，也意味北京城市发展正在稳步地进入一个新的变革时期。由于传统工业区的发展与城市的关系十分密切，传统工业区一旦改造更会成为世界范围内引人关注的一项课题，进而一系列新兴产业发展、文化创意活动开展、高新技术应用、城市空间布局调整等也会随之而产生。

　　随着城市的不断发展，大规模的城市旧工业区改造与更新是必然的过程。数据显示，目前北京已完成腾退老旧厂房242个，占地面积共计 2517.8 万平方米，其中待利用面积占 70.64%，达到 1778.48 万平方米。如何对这些旧工业区进行科学重构，是面对旧工业区改造更新的首要问题。一方面，旧工业区用独特的建筑语言记载了城市工业文明的辉煌，它具有特有的历史价值，反应特定时期的工业生产状况；另一方面，旧工业区在城市中占据了独特的位置和面积，需要重新产生经济效益，而不是依靠政府补贴来维护。

一个成功的旧工业区改造更新应该实现功能转换。一方面，传统工业产业已成为历史，应重新吸引信息产业、创意产业等新兴产业进驻，或者发展城市休闲、城市娱乐、城市旅游，赋予旧工业区新功能，实现自己造血；另一方面，随着时代的发展，旧工业区的历史文化价值更加凸显，需要通过保护性改造和更新，重新诠释工业文明的魅力，体现工业生产对历史及现代生活的影响。从实践来看，工业旅游区、开放街区、产业园区是旧工业区改造更新的三大方向。

在北京，仅朝阳区就已有 57 家老旧厂房转型升级改造为文创产业特色园区，例如：77 文创园原来是北京胶印厂，现在变身为戏剧影视主题文创产业园，入驻了戏剧、影视、设计界的多家企业；郎园 Vintage 前身是北京万东医疗设备厂，后来转身为文化创意街区，有商业、办公和秀场等物业形态，其中餐饮占 24%，零售占 14%，办公占 41%，影视传媒占 12%，秀场占 9%；E9 区创新工场，原是首农食品集团的双桥乳品厂（即三元食品乳品一厂），如今成为聚焦数字文创、人工智能两大核心业态，重点引入文创、科技细分行业的领军型企业和独角兽公司；798 艺术区前身是北京华北无线电联合器材厂，现今发展成为画廊、艺术中心、艺术家工作室、设计公司、餐饮酒吧等各种空间的聚合地。

在《北京城市总体规划（2016年—2035年）》及分区规划中，提出朝阳东北部围绕文化、国际化、大尺度绿化功能布局，提升土地使用价值，调整产业发展方向，发展文化创意产业。目前，北京城市文化创意产业的发展与广大民众的文化需求依然存在差距，未来文化创意产品交易、拍卖、展览、演出等活动，将成为文化消费的新趋势，并拉动城市夜间经济，成为经济增长的新引擎。

实际上，众多的工业遗产均与所在城市联系紧密，而城市是一个动态发展的过程，这就意味着工业区更新后会发生功能性的改变。因此，我们要注重废弃的工业区在功能转换时与城市空间的有效整合。目前，国内的实例大多是将工业区更新为一个独立的个体，如创意产业园、工业主题公园，而真正将工业区转化为城市综合功能区的实例在国内还未出现。只有当工业区真正地转化为城市综合功能区，区域内的道路、广场等公共空间，才能成为人们日常生活所使用的文化空间，而酒仙桥地区的工业遗产群体就具有这样的潜力。

北京既是世界上人口最多国家的首都，又是有着悠久历史的文化古都，更是一个有故事、有特色的城市。一座城市不可能永远停留在昨天或今天，但城市的历史又是从昨天走到今天，再从今天走向明天。世界上任何一座有文化底蕴的城市，在走向明天的时候，都不会把自己的昨天和今天切割得一干二净。所以，以适当形式保护好北京的传统和文化符号，就是留给未来的巨大财富。

当人们把久居的城市作为文化家园时，必然希望与城市中的建筑对话。对于文化古都北京，人们还希望在建筑空间里，获得享受与历史对话的机会。因此，在工业遗产整体维修保护过程中，充分研究"保护性再利用"的适宜方式，预设民众参与、公众交往和观众体验的共享组合空间，实现不断扩大开放，从而使工业建筑能够带给人们更多文化上的温暖和收获。工业建筑应该是为人所使用，这种传承也应该是以合理和实用为基础。最终实现保护和利用两者在探索中走向和谐统一。

总的来说，近年来随着城市更新逐渐从增量建设向存量优化转变，这些饱含城市印迹的工业历史场景，越来越受到政府和社会的广泛关注，有的被列入各类工业遗产名录，有的因其特殊的技术或建筑艺术价值，被纳入国家级文物保护的行列，受到法律的严格保护。希望借助工业遗产的保护和利用，为城市的产业转型升级创造活力，并通过针对性的政策和体制助力，不断促进创意人才、创新科技的集聚。

"城市、企业和人"的全方面转型发展

2020 年 11 月 24 日,《我是规划师》节目组来到正东集团(原751 厂)恒东热电厂区,这次专门访问了在这里工作了 35 年的路军先生。

路军先生现任电气车间运行主任,是厂里资历最老的员工之一。此时路军先生正在值班室工作,为刚开始的北京冬季供暖加班查看监控电脑上的各项数据,巡视各处电力设备。他在 751 厂做过学徒、电气工人、班长、车间主任,经历了 751 厂曾经的兴衰变迁,包括工人下岗、再就业及重新开园的过程,现在还在不停地学习新的设备和技术知识。他的经历贯穿了 751 厂的过去和现在,并且能展现现在 751 厂内工作的电力工人的面貌。他回忆起 751 厂当年生产兴盛时期的景象和企业转型发展初期的艰苦历程,特别是 2003 年北京正式提出煤气停止生产，停产之后近千名职工需要安置，那些一辈子做能源的员工面临转型的时候确实很纠结。作为在751厂工作了几十年的老员工，他用自己的视角详细讲述了751厂的故事，并且阐释自己管理和设计751厂转型发展的理念。

共同关注：工业遗产保护不仅关注物，而且关注人

在老设备旁，路军先生讲述了20世纪80年代刚参加工作时的情况：当时工厂的工作条件比较艰苦，供热靠的是燃煤，环境污染严重。那时使用的是民主德国50年代援建的设备，因为使用年限太久，经常出现故障，已经难以使用。于是工厂进行设备升级改造，路军先生又开始学习新的国产设备，虽然新的设备自动化程度较高很难学会，但是经过努力他还是坚持了下来。由此可以知道，企业昔日成就感和凝聚力的重建，比经济的复兴更重要，对社会的稳定发展具有更加深远的影响。

20世纪90年代开始出现了下岗大潮。当时751工厂要生产转型，引发出员工分流、工人再就业、社会保障等一系列问题。很多员工面临转岗、离岗，对原有的生产结构和保障系统形成了巨大的冲击。有的工人家庭几代人都在此工作，这里就是他们的精神家园，他们从未想过离开。在此阶段，工厂积极调整经营结构，努力解决员工生活困难，提供各种就业机会，保证工人的就业安置。之后工厂没有

发生停产停用，人们由此感受到了工厂的人性化管理，也对工厂有了更深的感情，对这片土地更是依依不舍。

今天，我们看到的 751 北京时尚设计广场，传承了 751 厂的人性化管理。在积极努力发展文化创意产业、创造高端就业岗位的同时，通过文化、旅游、休闲产业的发展，以及大力发展零售、餐饮等园区服务业，增加低端就业岗位，促进就业结构均衡发展。同时，通过提供人员培训、岗位介绍等服务项目，提高工人的就业或再就业能力，促进各项事业和谐发展。

路军先生的一番话也引起我对自己在工厂当工人时的回忆。我出生于 1954 年 7 月，751 厂始建于 1954 年 9 月，属于同时代。60 多年后的现在，我已经退休，但是 60 多岁的 751 厂，则从"工业时代"走向"文化创意园区时代"，这也是我们国家改革开放不断深化的见证。

我们这个年龄段的很多人都下过乡、当过工人。1970 年年底，我从农村回到北京，参加学校初中分配工作。1971 年 1 月被分配到北京北郊沙河的北京无线电器件厂，与 751 厂同为电子企业。经过一段时间军训后，军代表找我谈话，他拿起一个闹钟对我说，革命事业好比这个闹钟，有表针、表盘、表芯，也有表壳、表把、表腿，我们工厂有很多不同的工作岗位，既有生产集成电路的超净车间，工作环境干净整洁，又能学到生产技术，但是也有食堂、清洁队这样的服务岗位，此次来厂的 100 多名同学中，只有你一名团员，要带头到艰苦的岗位工作。于是，我就来到食堂，当了一名炊事员，工作在

"白案"，就是做主食。

两年半以后，领导又找我谈话，说3年学徒，只剩下半年时间，当时你带头去了食堂，现在你可以选择一个新的工作岗位，学一门技术。我就选择了设备动力科，当上机修钳工。这是一门技术工种，开始跟着师傅学习修理机器设备，包括车铣刨磨各类机床，收获很大。出师两年以后，师傅说他年龄大了，修理那些不断购进的生产集成电路的专用设备，已经力不从心。如果出现大的问题可以通知厂家来维修，但是经常发生的一些问题，需要有人会检修。师傅就嘱咐当时还年轻的我学习这方面技术，承担起这项工作。

这一工作任务调整，使我面临很大压力。于是我先后到研究激光定位大型相机的清华大学精密仪器系，学习制版设备的维修；到生产切片机的陕西西北机器厂，学习单晶硅切片设备的维修；到生产真空镀膜机的北京仪器厂，学习芯片镀膜设备维修。在这些学习过程中，我不但掌握了这些专用设备的维修技术，学习了包括数学、物理、化学、外语等学科内容，还获得了参加1978年高考、进入大学读书的机会。回顾这段经历，我格外感激当年工厂对我的培养，感激师傅当年对我工作的安排。

曾经在工厂劳动和学习的经历，使我对工厂、工人生活有切身感受和体会，对于工厂确实有一种亲切感。几年前，我去曾经工作过8年的工厂看看。没想到整个工厂因为房地产开发项目征用，已经被夷为平地，只留下一棵大树。我站在树下，心里很不是滋味。这些年，我非常惋惜地听到一些当年颇具盛名的企业在城市建设中被夷为平地，对于当过多年工人的我，自然联想到这些工厂的老工人们的感受。事实上，一段时间以来，城市中工业遗产消失的速度，比古建筑的消失速度还要快。

因此，工业遗产保护不仅要关注物，而且要关注人，而且真正应该关心的是人的转型，把工厂员工的寄托留下来，使他们重新找到自己的定位，这才是"城市、企业和人"的全面转型发展。工业遗产园区的活力关键点也在于人，只有形成一流的宜居宜业环境，吸引和服务人，才能激发老工业区的活力。例如将工业建筑改造成具有后工业特色的高品质的生活服务设施，就有很强的吸引力。希望随着企业的转型发展，能有更多这样的设施，只有这样才能吸引人才、留住人才，通过更多创新人才、国际人才的汇聚，塑造未来发展的创新之源。这也正是工业遗产活力复兴的关键点。

功能定位：城市更新的背后是创新

城市更新是一种将城市中不适应现代化城市社会生活的地区做必要的、有计划的更新活动，更新的目标应该是复兴。今天，城市更新正在从城市基础设施更新进入产业转型升级的新阶段。针对工业遗产的保护性再利用，不仅要在形象上保持美观，更多地还是要借助产业的重构，实现其在城市规划中与体量相匹配的产业功能定位。目前，各城市推动更新改造和产业转型的工业遗产项目，普遍位于城市中心区，占地规模较大，基础设施陈旧，历史沿革复杂。城市政府和工业企业为改善城市风貌和企业形象，营造新的城市文化名片，普遍会加大人力物力投入，解决历史遗留问题。但纵观这些年陆续更新完成的工业遗产项目，除了工业生产遗存内容有所不同外，新增加的文化创意内容，在质量和影响力方面，却存在比较严重的趋同现象，缺乏特色。刘红磊老师在《中国文化报》发文呼吁"警惕工业遗址转型中的标准化'文创'"。标准化"文创"最终导致的结果，就是文化名片成了一种复制化行为。

文化创意产业是在 20 世纪 90 年代中期才开始兴起的一项新兴产业。1997 年 5 月，英国为振兴经济，推动成立了创意产业特别工作小组，并于 1998 年和 2001 年相继发布研究报告，分析英国创意产业的现状并提出发展战略。1998 年，英国首次将创意产业界定为"源自个人创意、技巧及才华，通过知识产权的开发和运用，具有创造财富和就业潜力的行业"；并将广告、建筑艺术、艺术和古董市场、手工艺品、时尚设计、电影和录像、交互式休闲软件、音乐、表演艺术、出版、软件和计算机游戏、电视和广播等十三大类产业确认为创意产业。

当前，对于工业遗产的保护，一方面是国内对于文化创意产业的研究，内容大都着眼于动漫产业、影视产业，以及大型产业园区，偏向于研究产业集群和经济发展与转型，而针对拥有丰富历史文化依托的小型文化创意产业的发展规律及其与社区之间的互动关系，却常常被忽视。不过，这些地方的文化创意产业虽然规模较小，但是个体的集合却反映出区域独特的文化氛围与城市特色，充满发展活力，对城市有机更新和可持续发展具有重要意义，这也是其作为文化创意产业载体的重要价值。

另一方面，当前一些城市在没有深入挖掘当地文化资源，没有深入调查当地社会需求的情况下，采用以往招商引资的方式，利用工业遗存"打造"了一些城市工业文化景点。甚至一些城市决策者认为，只要把废弃的工业建筑稍加改造，布置些雕塑作场景，建立一部分画廊、美术馆、博物馆，再配上一些消费空间，就可以成为"城市名片"。然而，这普遍存在着创意人才群体规模偏小、产业链上下游资源不完整等，造成难以为继的问题。现实存在的这些问题不可回避，有必要引起充分认识和关注。①

我们应当认识到，在当今世界，文化创意产业已经不仅仅是一个理念，而是有着巨大综合效益的现实产业。文化创意产业的本质，是由文化创意和科技创新共同促进的产业，是超越历史形态而面向未来的事业。文化复兴的背后动力是创新。一是发展理念的创新，实现文化、生态、产业、活力的综合转型。二是体制机制的创新，搭建平台，打破部门边界，协作推动整体的城市复兴。三是人的创新，通过转型发展中的各种挑战，只有企业管理者、规划师、建筑师、设施利用者都在不断创新，才能产生工业转型发展的璀璨成果，这才是工业

---

① 刘红磊.老旧工业区改造"文创化"泛滥的倾向须警惕.光明日报·文艺评论周刊，2019-11-13（13）.

遗产保护和利用的活力源泉。

总的来说，近年来随着城市更新逐渐从"增量建设"向"存量优化"转变，越来越多的城区工业遗存从过去的"城市包袱"摇身一变成为"发展资源"，这些饱含城市工业历史的记忆，越来越受到政府和社会的关注。是否能够保持对文化创意产业的清醒认识和持之以恒的定力，是否能够带着探索性的视野寻找到具有创新意识和能力的人才及创新的科技，才是传统工业区能否真正在文化创意上得到产业转型的基础和前提。

现今，把工业遗产看作是 20 世纪建筑遗产的重要组成部分，已成为全球共识。工业遗产是人类一切创造中最庞大、最复杂、也最耐久的一类，所以它们所代表的文化价值，更显著、更多元、也更重要。这些工业遗产让历史在当代生活环境中存活下来，使之成为体现城市文化内涵、保持城市特色的积极因素。工业建筑遗产既然是文化的载体，那么工业遗产保护应该是一种文化的传承，传承的更应该是一种文化底蕴和时代精神，工业元素可以留存在文化创意空间的方方面面。另外，不能把古代建筑的保护原则套在工业遗产上，实践证明这样做会带来巨大冲突。

助力城市文化提质：北京走在前

近年来，人们已普遍认识到工业遗产，包括工厂、工矿、运输设备等也曾是社会组成的一个重要的经济因素。随着城市化快速发展，城市区域不断扩大，位于城市中心区的发展空间趋于饱和，可以新增的城市建设用地非常有限，然而城市各项事业依旧需要发展。因此从"扩张式发展"转向"内生式更新"的建设策略，已经是历史必然的发展道路。尤其在城市化程度相对不高的城市边缘地带，即传统重工业区域，其存量土地将面对崭新的机遇，历史召唤这类传统重工业区域以积极的城市更新行动，加入整体城市化步伐中来。

但是，传统工业区与周边城市用地布局关系十分密切，在一定区域的空间会留下深刻的印记，因此工业区改造往往牵扯的不仅是工业用地本身，梳理与解决问题也必须立足于区域范围寻找综合对策与突破点。国际上传统工业区的改造经验说明，解决问题没有简便易行的途径，只有保持足够的耐心，才能保证长期实施合理的发展战略。并且，正确分析传统工业区改造与城市发展的关系是制定综合发展战略的前提。

北京在走向具有吸引力的国际化大都市、建设全国文化中心的进程中，需要妥善协调大规模城市建设与历史文化名城保护的矛盾，需要保留更多成片的特色地区。为此，必然将促进城市文化发展，活化文化遗产资源，作为未来发展的重要战略之一。在此背景下，文化创意产业与未来城市经济、文化活动紧密结合，将对北京城市文化品质的提升具有战略意义。应以传承地方历史文脉、延续地方文化特色、塑造城市形象特色为目标，通过合理利用工业历史遗存，赋予场所地域人文特色。

纵观全球,文化创意产业风头正劲,在国内方兴未艾,形成了一股巨大的创意经济浪潮。在区域发展的背景下,传统工业区的转型面临一系列复杂的问题,正是由于发展问题具有综合性与复杂性,促使传统工业区走向综合创新之路,这是必然的选择。借工业企业搬迁调整之机,发展文化创意产业,正逢其时。在社会经济复兴的同时,区域发展需要重大项目的带动,面对激烈的竞争,如 751 北京时尚设计广场根据自身科技、人才与资源优势,走上创新发展的道路,成为北京城市文化创意产业的综合发展区域。

在我国,北京率先提出发展文化创意产业。经过近几年的发展,北京的文化创意产业已初具规模。如今 751 北京时尚设计广场在环境、景观、建筑、产业等方面采用创新性的手法,既强调对工业格局的结构特征传承和工业文化的延续,又实现面向未来的生态环境修复和城市特色塑造,展示出实现可持续发展目标方面的决心与实力,可以增强人们对传统企业复兴的信心,同时也为区域发展带来更多的机遇,进而促进区域整体发展,成为面向世界的工业遗产保护更新的范例,为工业遗产的保护和利用积累了有效的经验。

2006 年底,北京市制定了《北京市促进文化创意产业发展的若干政策》,从 7 个方面提出了促进文化创意产业发展的举措。即放宽市场准入,完善准入机制;支持创意研发,鼓励自主创新;保护知识产权,营造创意环境;加大资金支持,拓宽融资渠道;拉动市场需求,促进内外贸易;优化资源配置,推动产业升级;实施人才兴业,强化智力支撑;等等。并明确自 2006 年起,市政府每年安排 5 亿元文化创意产业发展专项资金，对符合政府重点支持方向的文化创意产品、服务项目予以扶持。

文化创意产业蕴含丰富的人类智慧，是一种以创造力为核心的新兴产业；工业遗产是工业文明与工业文化的物质表现，彰显着人类的创造力，具有重要历史文化价值。将工业遗产和文化创意结合，两者互补又相互促进，使文化创意产业成为工业遗产保护性再利用的方向。

文化创意产业的本质是一个由文化创意和科技创新共同促进，面向社会的创新发展链条，无论其所倚重的内容是历史的还是现实的，其发展前景一定是超越时代、面向未来的。所以，工业遗产保护性再利用与文化创意相结合必须具有耐心和定力，具有前瞻性，才能寻找到具有创新意识和实践能力的科技和文化人才，这是工业遗产能够真正在文化创意方面得到转型发展的前提。

在制定工业遗产保护性再利用规划时，设计师需要具备综合协调能力，并充分发挥主观能动性。在微观层面，规划的设计师需要提出工业建筑、机器设备、市政管线等合理利用的正确方向；在中观层面，规划的设计师需要提出工业场地、区域交通、环境绿化等协调融合的外部空间；在宏观层面，规划的设计师需要提出符合城市总体规划、区域规划、详细规划的未来发展计划，通过对诸多发展条件的分析论证、研究判断、优化设计，逐步推动工业遗产项目的可持续发展。

吴良镛教授指出："一个城市是千百万人生活和工作的有机的载

体，构成城市本身组织的城市细胞总是经常不断地代谢的。"因此应按照城市内在的发展规律，顺应城市肌理，在可持续发展的基础上，探索城市的更新与发展。通过工业遗产保护，使我们可以更加完整地看待中华民族的悠久历史，感受在艰难困苦中如何百折不回，从一个农业国家，华丽转身成世界最重要的工业制造大国，树立起中华民族的文化自信。由此更加坚信，保护我们身边的工业遗产，这是一件利在当代、功在千秋的事业。

多年来，清华大学刘伯英教授等学者，为工业遗产的保护和利用开展了大量工作，使工业遗产引起了政府部门的重视。2019 年 10 月，他们又编写出版了《中国工业遗产故事》丛书，为社会民众开拓了一片新领域。这套书通过每一项工业遗产的详细说明与阐述，把我们的工业发展历史、有趣的人物、故事介绍给普通大众和青少年，引导更多的人，尤其是青少年群体对工业遗产产生兴趣，为我们 5000 多年的文明史补上了这极为精彩的一段故事。

当前，我国经济社会正在经历着前所未有的深刻变革，新兴工业迅猛发展，不断实现前所未有的业绩，与之相应的文化遗产的内涵同时也在不断发展变化。每个时代人们的文化建树都应在历史的长河中留下印记，并不断创造新时代的文化遗产。随着时光的流逝，曾经在我们生命中所亲身经历和感受的一些事物，也将成为珍贵的文化遗产而传于后世，这些工业遗产中相应的文化遗产也应该同时保护。

我们要充分考虑创造和保护这些未来的工业遗产，这是实现可持续发展的需要。因此，在现代工业项目的建设和使用过程中，不仅要重视其经济价值，更要充分认识到其现实和潜在的文化价值。在注重工程的建设质量和运行效益的同时，注重收集和保存这些工程项目建设和使用过程中的重要信息和实物，提高工程的文化含量，延续和发展历史文脉，使它们成为未来全人类共同的文化遗产，这也是我们这一代人的文化责任。

北京作为全国文化中心，具有任何一个城市无法比拟的文化汇集优势。中国众多文化、教育、体育、影视、报刊、出版、设计、科研等机构都设在北京。北京的影视、音像、广告、报刊、出版、网络、演出等行业在全国居领先地位。要根据文化创意产业发展的需要，超前做好人才规划，有计划、有步骤、有重点地做好人才的引进、培养工作。要按照不为所有、但求所用的原则，采取灵活用人机制引进和培养领军人才，形成支撑相关产业发展的专业团队。同时要与国际领先企业、知名院校合作，培养锻炼人才队伍，为发展文化创意产业打好人才基础。

建设一个房地产项目，可以服务一个城市几十年，而保护好一个城市的工业遗产，或许会让一个城市受益上百年，同时也有助于提升市民的文化理念，使人们用辩证的思维方式去看待城市发展中的各种矛盾，平衡、协调、解决好各类问题。可惜的是，我们现在很多的青年人并不了解所在城市的发展史、工矿史，因为他们身边工业文明的见证物正在快速消失，他们感受不到工业产品是如何设计和生产出来的，他们对工业产品的认识也许只是来自网络购物的点击和快递员的电话。

因此，工业遗产的保护和利用更加需要公众的关注和参与，工业遗产的主人不仅是政府，每个人都是主人，只有居民自觉守护，才能保卫工业遗产的尊严，有尊严的工业遗产才有强盛的生命力。只有把工业遗产保护与城市文化建设、特别是与公众的生活紧密联系在一起，才能为工业遗产的保护与利用找到真正的根基，才能使工业遗产成为公众生活的组成部分，才能使工业遗产成为城市文化的内核与灵魂，也才能使城市成为工业遗产真正的家园！

作者和股东元在空中廊桥

时尚回廊

为生活提案

德国奥迪汽车研发中心

751 内的 79 罐

751

751 内的小公园

上海杨树浦自来水厂

南通大生纱厂

法国巴黎奥赛博物馆

英国铁桥峡谷工业旧址

悉尼达令港码头（图片来自新华社）

唐山启新水泥工业博物馆（图片来自新华社）

无锡历史文化街区（图片来自新华社）

万寿山

海楼（图片来自首钢官微）

元君殿

首钢大门

"群明生辉" 牌楼

首钢厂内的龙头设计

群明湖

新首钢大桥（图片来源：新华社）

架空管廊

冬奥会相关商品零售店

全民畅读艺术书店

国家冬季运动训练中心

北京冬奥组委办公楼地

路牌

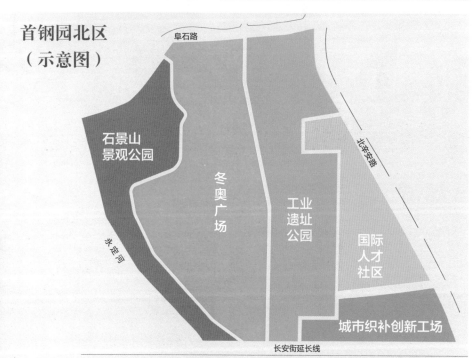

首钢园北区
（示意图）

阜石路

北辛安路

石景山
景观公园

冬奥广场

工业
遗址
公园

国际
人才
社区

永定河

城市织补创新工场

长安街延长线

首钢园的滑雪大跳台

首钢园举办的中国科幻大会开幕现场（图片来自新华社）

2020 首钢园环境舞蹈展演（图片来自新华社）

首钢园短道速滑训练冰场（图片来自新华社）

在首钢园举办的 2021 国际冬季运动（北京）博览会开幕式暨主论坛（图片来自新华社）

首钢园的环境舞蹈秀（图片来自新华社）

北京 2022 年冬奥会吉祥物（图片来自新华社）

首钢园三高炉举行的 2021 北京时装周（图片来自新华社）

图书在版编目（CIP）数据

人居北京：唤醒工业遗产 / 单霁翔著. —北京：
中国大百科全书出版社，2022.1
　ISBN 978-7-5202-0996-0

　Ⅰ．①人… Ⅱ．①单… Ⅲ．①工业建筑-文化遗产-
介绍-北京　Ⅳ.①TU27

中国版本图书馆CIP数据核字（2021）第256331号

人居北京：唤醒工业遗产
著　　者：单霁翔
摄　　影：周高亮

出 版 人：刘国辉
策 划 人：蒋丽君
责任编辑：裴菲菲　刘　杨
责任印制：邹景峰
出版发行：中国大百科全书出版社
地　　址：北京阜成门北大街17号
电　　话：010-88390718
邮政编码：100037
设计制作：静　颐
印　　制：北京汇瑞嘉合文化发展有限公司
字　　数：150千字
印　　张：6.75
开　　本：880毫米×1230毫米　1/32
版　　次：2022年1月第1版
印　　次：2022年1月第1次印刷
书　　号：ISBN 978-7-5202-0996-0
定　　价：78.00元